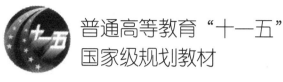

"十三五"职业教育
国家规划教材

普通高等教育"十一五"
国家级规划教材

国家级精品课程配套教材　　高等职业教育机械类系列教材

特种加工技术

（第五版）

周旭光　　伍端阳　　肖海兵

郭晓霞　　李　迎　　李玉炜

编著

U0277866

西安电子科技大学出版社

内 容 简 介

　　本书共 7 章，内容包括机械模具加工中常用的电火花成形加工、电化学加工、激光加工、超声波加工等特种加工技术，重点介绍了电火花成形加工和电火花线切割加工的基本原理、一般加工工艺规律、加工工艺及实例。本书兼顾特种加工理论和具体加工工艺，以实例形式讲述了电火花成形加工机床的定位、装夹及工艺参数的选择等操作技巧、要点及编程方法。本书图文并茂，且配有较多的具体加工实例，实用性强。

　　本书适合作为高职高专院校模具、机械、数控技术应用等专业的教材及电火花成形机床、电火花线切割机床操作工的职业培训用书，也可供模具制造等行业的专业人员学习参考。

图书在版编目（CIP）数据

特种加工技术 / 周旭光等编著. -- 5 版. -- 西安 ： 西安电子科技
大学出版社, 2024. 8. -- ISBN 978-7-5606-7286-1

　　Ⅰ. TG66

中国国家版本馆 CIP 数据核字第 2024S3H798 号

责任编辑　雷鸿俊
出版发行　西安电子科技大学出版社（西安市太白南路 2 号）
电　　话　（029）88202421　88201467　　　邮　　编　710071
网　　址　www.xduph.com　　　　　　　电子邮箱　xdupfxb001@163.com
经　　销　新华书店
印刷单位　陕西天意印务有限责任公司
版　　次　2024 年 8 月第 5 版　　2024 年 8 月第 1 次印刷
开　　本　787 毫米×1092 毫米　1/16　印张　14
字　　数　332 千字
定　　价　37.00 元
ISBN 978-7-5606-7286-1

XDUP 7588005-1

*** 如有印装问题可调换 ***

前　言

时光飞逝，社会不断发展，制造业中设备的升级换代在悄然进行。本书第一版出版已有20年，特种加工设备，尤其是电火花加工机床的性能在这段时间内取得了显著的进步，非数控电火花加工机床已在主流企业中难觅踪迹，高精度、自动化、智能化加工即将或已经成为电火花加工技术的主流。因此，本次修订的重要任务是及时更新陈旧知识点，并引入新技术、新工艺，以适应制造业和职业教育的发展需求。

本次修订工作得到了GF加工方案培训中心的大力支持。本书增加了目前主流的电火花加工工艺等新技术，以确保教材内容与企业主流技术发展同步；补充了多个加工实例，充分展示了当前电火花加工领域的高精度、自动化和智能化成果。

在本次修订中，深圳职业技术大学周旭光老师和GF加工方案培训中心伍端阳经理联合对全书知识点进行更新和补充，新增了现代电火花加工技术。伍端阳编写了盲孔型腔加工实例、预孔型腔加工实例、浇口加工实例、精密电子接插件模具零件加工实例、电视遥控器外壳模具型腔混粉加工实例等案例；深圳信息职业技术学院肖海兵老师编写了激光加工技术一节；深圳职业技术大学周旭光、郭晓霞、李迎、李玉炜老师负责录制相应微课；GF加工方案培训中心张飞工程师负责全书文字的校核。

本次修订融入了特种加工发展历史、工匠精神等思政要素，全面落实有理想、有本领、有担当的时代新人培养要求，有助于更好地培养学生的职业素养。

由于编者水平有限，书中可能还有不足之处，敬请广大读者批评指正！

编　者
2024年5月

第一版前言

特种加工是将电、热、光、声、化学等能量或其组合施加到被加工的部位来去除材料的加工方法，也被称为非传统加工。目前，特种加工技术被广泛用于加工各种高硬度、形状复杂、微细、精密的工件。

目前，特种加工设备的 90% 以上用于模具加工，占模具加工总量的 30%～50%，成为模具制造的重要工艺技术手段。本书重点讲解了在模具加工中广泛应用的电火花及线切割加工的原理、工艺规律、设备操作及加工工艺等，简单介绍了其他特种加工技术的原理及应用。

本书是编者六年来企业工作、高职院校教学及深圳市中级工考评工作经验的总结，主要有如下特色：

(1) 实例多，实践性强。本书以例题的形式详细讲述特种加工操作中常用的、关键的操作方法，并附有较多加工实例及实际中能使用的加工程序。如电火花加工中电极的装夹、定位、设计，线切割加工中电极丝的穿丝、垂直度的找正、工件中心的找正等。

(2) 内容新颖、全面。本书以数控电火花机床、慢走丝线切割机床的操作为重点，兼顾普通电火花机床、国产快走丝机床的加工方法。

(3) 理论部分内容适度、够用。本书理论内容的选取以满足实际操作的需要为前提，适度、够用。

全书共七章，其中第一章、第二章、第四章、第六章由深圳职业技术学院周旭光编写，第三章、第五章、第七章由深圳职业技术学院李玉炜编写。

本书适合作为高职高专院校模具、机械、数控技术应用等专业的教材及电火花、线切割机床操作工的职业培训用书，也可供模具制造等行业的专业人员参考。

本书的编写得到了王秀玉及深圳职业技术学院梁伟文、郭晓霞等老师的帮助，在此表示衷心的感谢。

由于编者水平有限、经验不足，书中难免有不足之处，敬请读者批评指正。

编　者
2004 年 3 月

目 录

第 1 章 概　　论

1.1 特种加工的概念

传统的机械加工是利用刀具比工件硬的特点,依靠机械能去除金属材料来实现加工的,其实质是"以硬碰硬"。因此,在实际加工及工艺编制过程中,工件硬度是需要考虑的重要因素,故大多数切削加工都安排在淬火热处理工序之前,但热处理容易引起工件的变形。那么,工业生产中有没有"以柔克刚"的加工方法呢?

随着社会生产的需要和科学技术的进步,20 世纪 40 年代,苏联科学家拉扎连柯夫妇在研究开关触点遭受火花放电腐蚀损坏的现象和原因时,发现电火花的瞬时高温可使局部的金属熔化、气化,从而被腐蚀掉。据此,他们开创和发明了电火花加工。至此,人们初次脱离了传统加工的轨道,利用电能、热能,在不产生切削力的情况下,以低于工件硬度的工具去除工件上多余的部位,成功地获得了"以柔克刚"的技术效果。后来,由于各种先进技术的不断应用,产生了多种有别于传统机械加工的新加工方法。这些新的加工方法从广义上定义为特种加工(Non-Traditional Machining, NTM),也被称为非传统加工,其加工原理是将电、热、光、声、化学等能量或其组合施加到工件被加工的部位上,从而实现材料的去除。

1.2 特种加工的特点及发展

与传统的机械加工相比,特种加工的特点如下:

(1) 不主要依靠机械能,而主要依靠其他能量(如电、化学、光、声、热等)去除工件材料。

(2) 加工过程中工具和工件之间不存在显著的机械切削力,故加工的难易与工件硬度无关。

(3) 各种加工方法可以任意复合、扬长避短,形成新的工艺方法,更突出其优越性,便于扩大应用范围。例如,目前的电解电火花加工(ECDM)、电化学电弧加工(ECAM)就是两种特种加工复合而形成的新的加工方法。

正因为特种加工具有上述特点,所以就总体而言,特种加工可以加工任何硬度、强度、韧性、脆性的金属或非金属材料,且专长于加工复杂、微细表面和低刚度的零件。

目前，国际上对特种加工技术的研究主要表现在以下几个方面：

(1) 微细化。国际上对微细电火花加工、微细超声波加工、微细激光加工、微细电化学加工等的研究方兴未艾，特种微细加工技术有望成为三维实体微细加工的主流技术。

(2) 特种加工的应用领域正在拓宽。例如，非导电材料的电火花加工，电火花、激光、电子束表面改性等。

(3) 广泛采用自动化技术。充分利用计算机技术对特种加工设备的控制系统、电源系统进行优化，建立综合参数自适应控制装置、数据库等，进而建立特种加工的 CAD/CAM 和 FMS 系统，这是当前特种加工技术的主要发展趋势。用简单工具电极加工复杂的三维曲面是电解加工和电火花加工的发展方向。目前已实现用四轴联动电火花线切割机床切出扭曲变截面的叶片。随着设备自动化程度的提高，实现特种加工柔性制造系统已成为各个工业国家追求的目标。

我国的特种加工技术起步较早。20 世纪 50 年代中期，我国已设计研制出电火花穿孔机床；60 年代末，上海电表厂张维良工程师在阳极-机械切割的基础上发明了我国独创的快走丝线切割机床；上海复旦大学研制出电火花线切割数控系统。但是，由于我国原有的工业基础薄弱，因此特种加工设备和整体技术水平与国际先进水平还有不小差距。

1.3 特种加工的分类

特种加工的分类还没有明确的规定，一般按能量来源和作用形式以及加工方法可分为表 1-1 所示的形式。

表 1-1 常用特种加工方法的分类

加 工 方 法		主要能量来源	作用形式	符 号
电火花加工	电火花成形加工	电能、热能	熔化、气化	EDM
	电火花线切割加工	电能、热能	熔化、气化	WEDM
电化学加工	电解加工	电化学能	金属离子阳极溶解	ECM(ELM)
	电解磨削	电化学能、机械能	阳极溶解、磨削	EGM(ECG)
	电解研磨	电化学能、机械能	阳极溶解、研磨	ECH
	电铸	电化学能	金属离子阴极沉积	EFM
	涂镀	电化学能	金属离子阴极沉积	EPM
高能束加工	激光束加工	光能、热能	熔化、气化	LBM
	电子束加工	光能、热能	熔化、气化	EBM
	离子束加工	电能、机械能	切蚀	IBM
	等离子弧加工	电能、热能	熔化、气化	PAM
物料切蚀加工	超声波加工	声能、机械能	切蚀	USM
	磨料流加工	机械能	切蚀	AFM
	液体喷射加工	机械能	切蚀	HDM

续表

加 工 方 法		主要能量来源	作用形式	符 号
化学加工	化学铣削	化学能	腐蚀	CHM
	化学抛光	化学能	腐蚀	CHP
	光刻	光能、化学能	光化学腐蚀	PCM
复合加工	电化学电弧加工	电化学能	熔化、气化腐蚀	ECAM
	电解电化学机械磨削	电能、热能	离子溶解、熔化、切割	MEEC

尽管特种加工优点突出，应用日益广泛，但是各种特种加工的能量来源、作用形式、工艺特点却不尽相同，其加工特点与应用范围自然也不一样，而且各自还都具有一定的局限性。为了更好地应用和发挥各种特种加工的最佳功能及效果，必须依据工件材料、尺寸、形状、精度、生产率、经济性等情况做具体分析，合理选择特种加工方法。

表 1-2 对几种常见的特种加工方法进行了综合比较。

表 1-2 几种常见特种加工方法的综合比较

加工方法	可加工材料	工具损耗率/% (最低/平均)	材料去除率/ (mm^3/min) (平均/最高)	可达到尺寸精度/mm (平均/最高)	可达到表面粗糙度 $Ra/\mu m$ (平均/最高)	主要适用范围
电火花成形加工	任何导电金属材料，如各种钢、铜、铝、钛及其合金，以及硬质合金、PCD、石墨等	0.1/10	30/3000	0.02/0.001	3.5/0.04	从数微米的孔、槽到数米的超大型模具、工件等，如各种类型的孔、各种类型的模具
电火花线切割加工		较小(可补偿)	50/350* (mm^2/min)	0.02/0.001	3/0.04	切割各种冲压模、注塑模、挤出模的型腔、冲头以及零件，也常用于钼、钨、半导体材料或贵重金属切削
电解加工		不损耗	100/10 000	0.1/0.01	1.25/0.16	从微小零件到超大型工件、模具的加工，如型孔、型腔、抛光、去毛刺等
电解磨削		1/50	1/100	0.02/0.001	1.25/0.04	硬质合金钢等难加工材料的磨削，如硬质合金刀具、量具等
超声波加工	任何脆性材料	0.1/10	1/50	0.03/0.005	0.63/0.16	加工脆硬材料，如玻璃、石英、宝石、金刚石、硅等，可加工型孔、型腔、小孔等
激光加工	任何材料	不损耗(三种加工，没有成形用的工具)	瞬时去除率很高，受功率限制，平均去除率不高	0.01/0.001	10/1.25	加工各种精密小孔、窄缝及成形切割、蚀刻，如金刚石拉丝模、钟表宝石轴承等
电子束加工						在各种难加工材料上加工微小孔、窄缝、蚀刻、焊接等，常用于制造大、中规模集成电路微电子器件
离子束加工			很低	/0.01 μm	/0.01	对零件表面进行超精密、超微量加工、抛光、刻蚀、掺杂、镀覆等

注： *电火花线切割加工的金属去除率按惯例均以 mm^2/min 为单位。

1.4　特种加工在我国制造业中的地位与作用

自 20 世纪 50 年代以来，随着科学技术和工业生产的高速发展，以国防工业和模具工业为代表的制造业对材料性能、产品精度、形状结构等的要求越来越高。特种加工通过非机械能量，实现去除材料、材料变形及性能改变等非常规的加工，在这些难加工材料、复杂形状的精密零件的加工中发挥着日益重要的作用，已成为零件制造的重要工艺技术手段。

20 世纪 70 年代以后，先进特种加工技术有了长足的进步，到了 80 年代已经成为制造业中难加工材料和复杂结构零件的重要加工方法。21 世纪以来，随着先进制造技术、智能制造技术的发展，特种加工技术在现代制造业中发挥着越来越重要的作用，已经成为现代工业的关键制造技术。现在各个工业发达国家都高度重视先进特种加工技术的发展，并对特种加工技术的技术水平以及经济性和信息化、自动化、智能化程度提出了更高的要求，从而促进了特种加工技术的进一步发展。

目前，特种加工技术广泛应用于以航空航天为代表的国防工业以及以精密模具智能制造为代表的模具工业等各个领域。特种加工技术可以较容易地实现航空发动机、精密模具等产品中复杂零部件的加工，也可以较容易地实现航空材料——钛合金、模具材料——高硬度模具钢的加工。国防工业是强国之基，没有强大的国防，就没有和平安全的经济建设环境；模具工业是工业之母，没有发达的模具制造业，就没有繁荣的社会主义市场经济。目前以电火花加工技术为代表的特种加工技术已在中国模具工业中占据十分重要的地位，每年都有 1 万多台新的电火花加工机床进入模具制造领域。电火花加工也已成为航空航天工业关键零部件制造的一种重要加工方法，如航空发动机上带冠涡轮盘、叶片及空心透平叶片冷却孔等关键部件基本都采用电火花加工。

党的二十大报告提出，坚持把发展经济的着力点放在实体经济上，推进新型工业化，加快建设制造强国、质量强国、航天强国、交通强国、网络强国、数字强国。作为新时代的中国青年，要用实际行动贯彻落实党的二十大精神，在当今百年未有之大变局的国际环境下，更应当有担当、有抱负，努力学习包含特种加工技术在内的各种现代制造技术，为祖国的国防建设和模具制造等实体经济建设贡献自己的力量。

习　题

一、判断题

（　　）1. 电火花加工中工具的硬度通常低于工件的硬度，能获得"以柔克刚"的技术效果。

（　　）2. 激光加工属于非传统加工范畴。

（　　）3. 发明快走丝线切割机床的国家是苏联。

（　　）4. 在电火花加工中，工具和工件之间存在较明显的作用力。

（　　）5. 电解加工和电火花加工能复合出新的加工方法——电解电火花加工。

二、单选题

1. 下列加工中不属于特种加工的是(　　)。

A．电火花成形加工　　B．电火花线切割加工　　C．精密铣削加工　　D．离子束加工

2. 电火花线切割加工的英文缩写为(　　)。

A．EDM　　　　　　B．DEM　　　　　　C．WEDM　　　　　　D．WDEM

3. 电火花加工是(　　)发明的。

A．苏联　　　　　　B．瑞士　　　　　　C．中国　　　　　　D．日本

4. 目前市场上主流的电火花成形加工机床的最高加工精度可达到(　　)mm。

A．0.1　　　　　　B．0.01　　　　　　C．0.001　　　　　　D．0.0001

5. 下列工件材料中，不适合电火花加工的是(　　)。

A．电木　　　　　　B．钛合金　　　　　　C．硬质合金钢　　　　　　D．高碳钢

三、问答题

1. 电火花加工的特点是什么？

2. 简述日常工作中经常使用的特种加工方法及其应用。

第2章 电火花加工的基本原理及设备

2.1 电火花加工的物理本质及特点

2.1.1 电火花加工的物理本质

电火花加工是基于电火花腐蚀原理,在工具电极与工件电极相互靠近时,极间形成脉冲性火花放电,在电火花通道中产生瞬时高温,使金属局部熔化,甚至气化,从而将金属蚀除下来的加工方式。那么两电极表面的金属材料是如何被蚀除下来的呢?其工作原理及过程大致如图2-1所示。

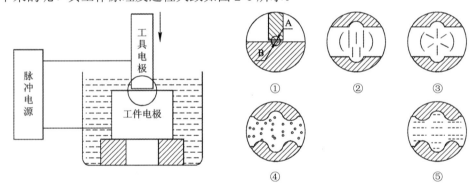

图2-1　电火花加工原理

(1) 极间介质电离、击穿,形成放电通道(如图2-1中①所示)。工具电极与工件电极缓缓靠近,极间的电场强度增大,由于两电极的微观表面是凹凸不平的,因此在两极间距离最近的A、B处电场强度最大。

工具电极与工件电极之间充满着液体介质,液体介质中不可避免地含有杂质及自由电子,它们在强大的电场作用下,形成了带负电的粒子和带正电的粒子,电场强度越大,带电粒子就越多,最终导致液体介质电离、击穿,形成放电通道。放电通道是由大量高速运动的带正电和带负电的粒子以及中性粒子组成的。由于通道截面很小,通道内因高温热膨胀形成的压力高达几万帕,高温高压的放电通道急速扩展,产生一个强烈的冲击波,向四周传播,在放电的同时还伴随着光效应和声效应,这就形成了肉眼所能看到的电火花。

(2) 电极材料熔化、气化、热膨胀(如图2-1②、③所示)。液体介质被电离、击穿,形成放电通道后,通道间带负电的粒子奔向正极,带正电的粒子奔向负极,粒子间相互撞击,产生大量的热能,使通道瞬间达到很高的温度。通道高温首先使工作液气化,然后高温向四周扩散，使两电极表面的金属材料开始熔化直至沸腾气化。气化后的工作液和金属蒸气瞬间体积猛增，形成了爆炸的特性。因此，在观察电火花加工时，可以看到工件与工具电极间有冒烟现象，并听到轻微的爆炸声。

(3) 电极材料抛出(如图 2-1④所示)。正、负电极间的电火花使放电通道产生高温高压。通道中心的压力最高，工作液和金属气化后不断向外膨胀，形成内外瞬间压力差，高压力处的熔融金属液体和蒸气被排挤，抛出放电通道，大部分被抛入工作液中。仔细观察电火花加工，可以看到橘红色的火花四溅，这就是被抛出的高温金属熔滴和碎屑。

(4) 极间介质消电离(如图 2-1⑤所示)。工作液流入放电间隙，将电蚀产物及残余的热量带走，并恢复绝缘状态。若电火花放电过程中产生的电蚀产物来不及排除和扩散，产生的热量不能被及时传出，则会导致该处介质局部过热。局部过热的工作液高温分解、积碳，将使加工无法继续进行，并烧坏电极。因此，为了保证电火花加工的正常进行，在两次放电之间必须有足够的时间间隔让电蚀产物充分排除，恢复放电通道的绝缘性，使工作液介质消电离。

上述步骤(1)～(4)在 1 s 内约有数千次甚至数万次地往复进行，即单个脉冲放电结束，经过一段时间间隔(即脉冲间隔)使工作液恢复绝缘后，第二个脉冲又作用到工具电极和工件上，又会在当时极间距离相对最近或绝缘强度最弱处击穿放电，蚀出另一个小凹坑。这样以相当高的频率连续不断地放电，工件不断地被蚀除，故工件加工表面将由无数个相互重叠的小凹坑组成(如图 2-2 所示)。所以电火花加工是大量的微小放电痕迹逐渐累积而成的去除金属的加工方式。

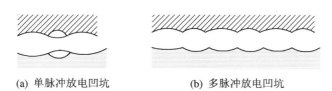

(a) 单脉冲放电凹坑　　　　　　(b) 多脉冲放电凹坑

图 2-2　电火花加工表面局部放大图

实际上，电火花加工的过程远比上述过程复杂，它是电力、磁力、热力、流体动力、电化学等综合作用的过程。到目前为止，人们对电火花加工过程的了解还很不够，需要进一步研究。

2.1.2　电火花成形加工、电火花线切割加工的特点

在 1.3 节中，我们知道电火花加工分为电火花成形加工和电火花线切割加工，它们都是利用火花放电产生的热量来去除金属的，其工艺和机理有较多的相同点，但也有各自独有的特点。

1. 共同特点

(1) 二者的加工原理相同，都是通过电火花放电产生的热来熔解去除金属的，所以二者加工材料的难易与材料的硬度无关，加工中不存在显著的机械切削力。

(2) 二者的加工机理、生产率、表面粗糙度等工艺规律基本相似，可以加工硬质合金等一切导电材料。

(3) 最小角部半径有限制。电火花成形加工中最小角部半径为放电间隙，电火花线切割加工中最小角部半径为电极丝的半径加上放电间隙。

2．不同特点

(1) 从加工原理角度看，电火花成形加工是将电极形状复制到工件上的一种工艺方法，如图 2-3(a)所示，在实际中可以加工通孔(穿孔加工)和盲孔(成型加工)，如图 2-3(b)、(c)所示；电火花线切割加工是利用移动的细金属导线(铜丝或钼丝)作电极，对工件进行脉冲火花放电、切割成形的一种工艺方法，如图 2-4 所示。

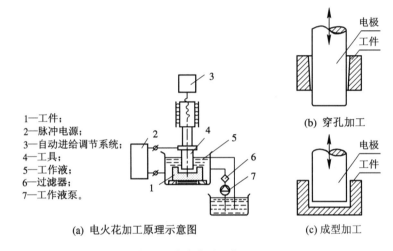

1—工件；
2—脉冲电源；
3—自动进给调节系统；
4—工具；
5—工作液；
6—过滤器；
7—工作液泵。

(a) 电火花加工原理示意图

(b) 穿孔加工

(c) 成型加工

图 2-3　电火花成形加工

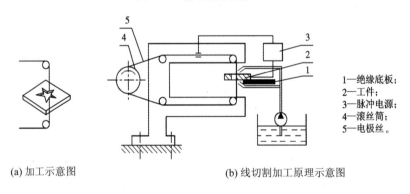

(a) 加工示意图

(b) 线切割加工原理示意图

1—绝缘底板；
2—工件；
3—脉冲电源；
4—滚丝筒；
5—电极丝。

图 2-4　电火花线切割加工

(2) 从产品形状角度看，电火花成形加工必须先加工出与产品形状相似的电极；电火花线切割加工产品的形状是通过工作台按给定的控制程序移动而完成的，只对工件进行轮廓图形加工，余料仍可利用。

(3) 从工具电极角度看，电火花成形加工必须制作成形用的电极(一般用铜、石墨等材料制作而成)，而电火花线切割加工用移动的细金属导线(铜丝或钼丝)作电极。

(4) 从电极损耗角度看，电火花成形加工中电极相对静止，易损耗，故通常采用多个电极加工；电火花线切割加工中由于电极丝连续移动，使新的电极丝不断地补充和替换在电蚀加工区受到损耗的电极丝，电极损耗对加工精度的影响较小。

(5) 从应用角度看，电火花成形加工可以加工通孔和盲孔，特别适宜加工形状复杂的塑料模具等零件的型腔以及刻文字、花纹等，如图 2-5(a)所示；电火花线切割加工只能加工通孔，能方便地加工出小孔、形状复杂的窄缝及各种形状复杂的零件，如图 2-5(b)所示。

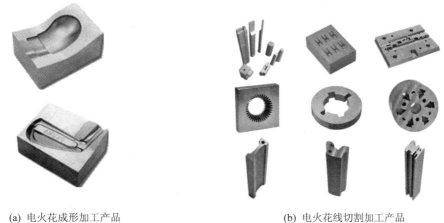

(a) 电火花成形加工产品　　　　　　　　　　　(b) 电火花线切割加工产品

图 2-5　加工产品实例

2.2　电火花成形机床简介

2.2.1　我国电火花成形机床的发展历史、型号、规格和分类

1. 我国电火花成形机床发展历史

电火花加工技术诞生于 20 世纪 40 年代，50 年代初传入我国，1954 年我国科技工作者研制出中国第一台电火花机床。1958 年，营口电火花机床厂研制成功我国第一台电火花小孔加工机床。1965 年，营口电火花机床厂试制成功了 D6125 型电火花成形机床，它是我国最先采用液压伺服控制系统，并以电子开关元件为脉冲电源的定型产品。上海第八机床厂首先制成用于型腔模等加工用的 D6140A 型高频晶体管电火花成形机床。20 世纪 70 年代，北京机床所研制出 JF-80 晶体管复合式脉冲电源，中科院电工所研制出 KD-01 晶闸管脉冲电源，苏州电加工所研制出 EDJ-50 晶体管脉冲电源，型腔模电火花平动加工工艺日趋成熟，电火花成形加工在模具型腔加工中的应用日益广泛。

20 世纪 80 年代以后，国内外电火花加工技术和装备都进入高速发展时期，加工精度和加工效率都得到了大幅提高。我国在引进吸收国外先进技术的基础上，生产了一系列功能强、精度高、稳定可靠、价格适中的电火花成形机床，并广泛应用于模具制造工业中。

21 世纪以来，我国生产的电火花成形机床无论是外观还是制造工艺都有了明显的进步，加工性能明显提高，同时也拓展了应用领域，特别是在多轴联动、特殊材料(聚晶金刚石、钛合金、高温耐热合金以及超高温陶瓷等)和微细复杂结构(航空航天闭式叶轮、空间位姿精密小孔)电火花加工技术方面取得了明显的进展。以北京市电加工研究所、苏州电加工机床研究所为代表的研究机构完成了五轴五联动数控电火花成形机床的研制，成功推向市场，用于航空航天发动机的整体叶盘加工，突破了西方国家对我国的技术封锁。该类机床实现了五轴全闭环控制，直线轴定位精度不大于 0.005 mm、重复定位精度不大于 0.002 mm、回转轴定位精度不大于 15″、最佳表面粗糙度值为 0.08 μm，并且钛合金加工效率为 829 mm³/min，达到了国际先进水平。

近十年来，随着信息技术的发展以及智能制造、智能车间的广泛应用，市场需求具有信息采集、传输和处理功能的网络化智能加工装备。我国政府工作报告明确提出制定"互联网+"行动计划，推动移动互联网、云计算和大数据记忆物联网等与现代制造业结合。目前，国外知名的电火花机床企业已经将信息化融入电火花加工技术，实现了模具型腔零部件的远程无人智能电火花加工。作为在信息化时代成长的年轻一代大学生，需继承我国老一辈从事电火花加工技术科技工作者的刻苦钻研精神，有责任、有能力紧跟时代前进的步伐，发展我国信息化环境下的电火花智能制造技术。

2. 电火花成形机床的型号、规格和分类

我国国标规定，电火花成形机床均用 D71 加上机床工作台面宽度的 1/10 表示。例如 D7132 中，D 表示电加工机床(若该机床为数控机床，则在 D 后加 K，即 DK)，71 表示电火花成形机床，32 表示机床工作台的宽度为 320 mm。

在中国大陆外，电火花成形机床的型号没有采用统一标准，由各个生产企业自行确定，如瑞士 GF 公司生产的 FORM E、FORM P、FORM X 系列机床，苏州三光科技公司生产的 HB、LA 系列机床等。

电火花成形机床按其行程大小可分为小型(D7125 以下)、中型(D7125～D7163)和大型(D7163 以上)，按数控程度可分为非数控、单轴数控和三轴数控。随着科学技术的进步，目前市场上使用的电火花成形机床都是三轴数控电火花成形机床，部分企业开始使用带有工具电极库且能按程序自动更换电极的数控电火花成形机床。

2.2.2 电火花成形机床结构

电火花成形机床主要由机床本体、脉冲电源、自动进给调节系统、工作液循环过滤系统、数控系统等部分组成，如图 2-6 所示。

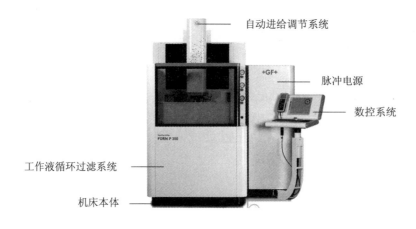

图 2-6 电火花成形机床

1. 机床本体

机床本体主要由床身、立柱、主轴头及附件、工作台等部分组成，是用以实现工件和工具电极的装夹固定和运动的机械系统。床身、立柱、工作台是电火花成形机床的骨架，起着支承、定位和便于操作的作用。因为电火花成形加工宏观作用力极小，所以对机械系统的强度无严格要求，但为了避免变形和保证精度，要求具有必要的刚度。装夹电极的主轴头是自动进给调节系统的执行机构，其质量的好坏将影响进给系统的灵敏度及加工过程的稳定性，进而影响工件的加工精度。

机床主轴头和工作台常有一些附件，如可调节工具电极角度的夹头、平动头等。此处主要介绍普通电火花成形机床使用的平动头。

电火花成形加工时粗加工的放电间隙比中加工的放电间隙要大，而中加工的放电间隙比精加工的放电间隙要大。当用一个电极进行粗加工时，将工件的大部分余量蚀除掉后，其底面和侧壁四周的表面粗糙度很差，为了将其修光，就得转换规准逐挡进行修整。但由于中、精加工规准的放电间隙比粗加工规准的放电间隙小，若不采取措施，四周侧壁就无法修光。平动头就是为解决修光侧壁和提高其尺寸精度而设计的。

平动头是一个使装在其上的电极能产生向外机械补偿动作的工艺附件。当用单电极加工型腔时，使用平动头可以补偿上一个加工规准和下一个加工规准之间的放电间隙差。平动头的工作原理如图 2-7 所示。

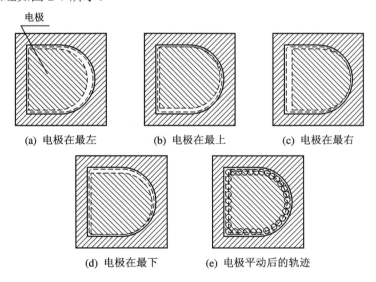

(a) 电极在最左　　　(b) 电极在最上　　　(c) 电极在最右

(d) 电极在最下　　　(e) 电极平动后的轨迹

图 2-7　平动头扩大间隙工作原理图

目前，机床上安装的平动头有机械式平动头和数控平动头，其外形如图 2-8 所示。机械式平动头由于有平动轨迹半径的存在，无法加工有清角要求的型腔；数控平动头可以两轴联动，能加工有清棱、清角的型孔和型腔。

在普通电火花成形机床上，通过安装平动头可以实现平动加工拓展功能。目前，企业中使用的机床基本上是数控电火花成形机床，无须安装平动头，即可通过机床的数控功能实现平动加工。平动加工具有如下特点：

(a) 机械式平动头　　　　　　　　　(b) 数控平动头

图 2-8　平动头外形

(1) 可以通过改变轨迹半径来调整电极的作用尺寸，因此尺寸加工不再受放电间隙的限制。

(2) 用同一尺寸的工具电极，通过轨迹半径的改变，可以实现转换电规准的修整，即采用一个电极就能由粗至精直接加工出一副型腔。

(3) 在加工过程中，电极的轴线与工件的轴线相偏移，除了电极处于放电区域的部分外，电极与工件的间隙都大于放电间隙，实际上减小了同时放电的面积，这有利于电蚀产物的排除，提高了加工的稳定性。

(4) 电极移动方式的改变，可使加工表面特别是底平面处的粗糙度大为改善。

2. 脉冲电源

在电火花成形加工的过程中，脉冲电源的作用是把工频正弦交流电流转变成频率较高的单向脉冲电流，向工件和工具电极间的加工间隙提供所需的放电能量，以蚀除金属。脉冲电源的性能直接关系到电火花成形加工的加工速度、表面质量、加工精度、电极损耗等工艺指标。

为了满足不同材料、不同加工精度和不同表面粗糙度零件的电火花成形加工工艺的需要，脉冲电源通常应满足如下要求：

(1) 要有一定的脉冲放电能量，否则不能使金属材料熔化、气化。

(2) 火花放电必须是短时间的脉冲性放电，这样才能使放电产生的热量来不及扩散到其他部分，从而有效地蚀除金属，提高成型性和加工精度。

(3) 脉冲波形是单向的，以便充分利用极性效应，提高加工速度和降低工具电极损耗。

(4) 脉冲波形的主要参数(峰值电流、脉冲宽度、脉冲间隔等)有较宽的调节范围，以满足粗、中、精加工的要求。

(5) 有适当的脉冲间隔时间，使工作液介质有足够的时间消除电离并冲去金属颗粒，以免引起电弧而烧伤工件。

脉冲电源的性能直接关系到电火花成形机床的性能，因此脉冲电源是电火花成形机床的核心零部件。从理论上讲，脉冲电源一般有如下几种。

1) 弛张式脉冲电源

弛张式脉冲电源是最早使用的电源，它是利用电容器充电储存电能，然后瞬时放出，形成火花放电来蚀除金属的。因为电容器时而充电、时而放电，一弛一张，故称弛张式电

源，如图 2-9 所示。由于这种电源是靠电极和工件间隙中的工作液的击穿作用来恢复绝缘和切断脉冲电流的，因此间隙大小、电蚀产物的排除情况等都会影响脉冲参数，导致脉冲参数不稳定，所以这种电源又称为非独立式电源。

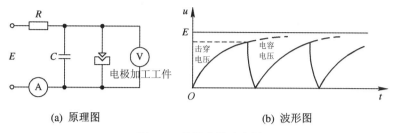

(a) 原理图　　　　　　　　　　(b) 波形图

图 2-9　弛张式脉冲电源

弛张式脉冲电源结构简单，使用维修方便，加工精度较高，粗糙度值较小，但生产率和电能利用率低，加工稳定性差，故目前这种电源的应用已逐渐减少。

2) 晶闸管脉冲电源

晶闸管脉冲电源是利用晶闸管作为功率开关元件而获得的单项脉冲电源，它具有电参数调节范围大、功率大、过载能力强等优点。晶闸管脉冲电源主要应用于大功率粗加工的电火花成形加工中。

3) 晶体管脉冲电源

晶体管脉冲电源是以晶体元件作为开关元件的电火花脉冲电源，其输出功率大，电规准调节范围广，电极损耗小，适应于型孔、型腔等各种不同用途的加工。晶体管脉冲电源已越来越广泛地应用在电火花成形机床上。

目前，普及型(经济型)的电火花成形机床都采用高低压复合的晶体管脉冲电源，中、高档电火花成形机床都采用微机数字化控制的脉冲电源，而且内部存有电火花加工规准的数据库，加工时可以通过数控程序调用粗、中、精加工规准参数。

3. 自动进给调节系统

在电火花成形加工设备中，自动进给调节系统占有很重要的位置，它的性能直接影响着加工稳定性和加工效果。

电火花成形加工的自动进给调节系统主要包含伺服进给系统和参数控制系统。伺服进给系统主要用于控制放电间隙的大小；参数控制系统主要用于控制电火花成形加工中的各种参数(如放电电流、脉冲宽度、脉冲间隔等)，以便能够获得最佳的加工工艺指标等，其具体内容可参考第 3 章相关内容。

在电火花成形加工中，电极与工件必须保持一定的放电间隙。由于工件不断被蚀除，电极也不断地损耗，故放电间隙将不断扩大。如果电极不及时进给补偿，则放电过程会因间隙过大而停止。反之，间隙过小又会引起拉弧烧伤或短路，这时电极必须迅速离开工件，待短路消除后再重新调节到适宜的放电间隙。在实际生产中，放电间隙变化范围很小，且与加工规准、加工面积、工件蚀除速度等因素有关，因此很难依靠人工实现进给，也不能像钻削那样实现"机动"、等速进给，而必须采用伺服进给系统。这种不等速的伺服进给系统也称为自动进给调节系统。

伺服进给系统一般有如下要求：

(1) 有较广的速度调节跟踪范围。在电火花成形加工过程中,加工规准、加工面积等条件的变化都会影响其进给速度变化,伺服进给系统应有较宽的速度调节范围,以适应各种加工的需要。

(2) 有足够的灵敏度和快速性。电火花成形加工的频率很高,放电间隙的状态瞬息万变,因此要求伺服进给系统应能根据间隙状态的微弱信号进行相应的快速调节。为此,整个系统的不灵敏区、可动部分的惯性要小,响应速度要快。

(3) 有较高的稳定性和抗干扰能力。电蚀速度一般不高,所以伺服进给系统应有很好的低速性能,能均匀、稳定地进给,超调量小,抗干扰能力强。

4. 工作液循环过滤系统

电火花成形加工中的蚀除产物,一部分以气态形式抛出,其余大部分以球状固体微粒分散地悬浮在工作液中,直径一般为几微米。随着放电加工的进行,蚀除产物越来越多,充斥在电极和工件之间,或黏连在电极和工件的表面上。聚集的蚀除产物会与电极或工件形成二次放电。这就破坏了放电加工的稳定性,降低了加工速度,影响了加工精度和表面粗糙度。为了改善电火花成形加工的条件,一种办法是使电极进行抬刀动作,以加强排屑;另一种办法是对工作液进行强迫循环过滤,以改善间隙状态。

工作液强迫循环过滤是由工作液循环过滤器来完成的。电火花成形加工用的工作液过滤系统包括工作液泵、工作液箱、过滤器及管道等。图 2-10 所示是工作液循环过滤系统油路图,它既能实现冲油,又能实现抽油。其工作过程是:储油箱的工作液首先经过粗过滤器 1,经单向阀 2 吸入油泵 3,这时高压油经过不同形式的精过滤器 7 输向机床工作液槽,溢流安全阀 5 使控制系统的压力不超过 400 kPa,补油控制阀 11 为快速进油用。待油注满油箱时,可及时调节冲油选择阀 10,由阀 8 来控制工作液循环方式及压力。当阀 10 在冲油位置时,补油、冲油都不通,这时油杯中油的压力由阀 8 控制;当阀 10 在抽油位置时,补油和抽油两路都通,这时压力工作液穿过射流抽吸管 9,利用流体速度产生负压,达到抽油的目的。

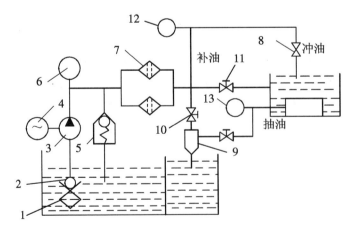

1—粗过滤器;2—单向阀;3—油泵;4—电机;5—安全阀;6—压力表;7—精过滤器;8—压力调节阀;
9—射流抽吸管;10—冲油选择阀;11—补油控制阀;12—冲油压力表;13—抽油压力表。

图 2-10　工作液循环过滤系统油路图

5. 数控系统

1) 数控电火花成形机床的类型

数控系统规定除了直线移动的 X、Y、Z 三个坐标轴系统外，还有三个转动的坐标系统，即绕 X 轴转动的 A 轴，绕 Y 轴转动的 B 轴，绕 Z 轴转动的 C 轴。若机床的 Z 轴可以连续转动但不是数控的(如电火花穿孔机)，则不能称为 C 轴，只能称为 R 轴。

根据机床的数控坐标轴的数目，目前常见的有三轴数控电火花成形机床、四轴三联动数控电火花成形机床、四轴联动或五轴联动甚至六轴联动电火花成形机床。三轴数控电火花成形机床的主轴 Z 和工作台 X、Y 都是数控的。从数控插补功能上讲，又将这类机床细分为三轴两联动机床和三轴三联动机床。三轴两联动是指 X、Y、Z 三轴中，只有两轴(如 X、Y 轴)能进行插补运算和联动，电极只能在平面内走斜线和圆弧轨迹(电极在 Z 轴方向只能做伺服进给运动，不能做插补运动)。三轴三联动系统的电火花成形机床，电极可在空间做 X、Y、Z 方向的插补联动(如可以走空间螺旋线)。

四轴三联动数控电火花成形机床增加了 C 轴，即主轴可以数控回转和分度。

现在部分数控电火花成形机床还带有电极库，在加工中可以根据事先编制好的程序，自动更换电极，如图 2-11 所示。

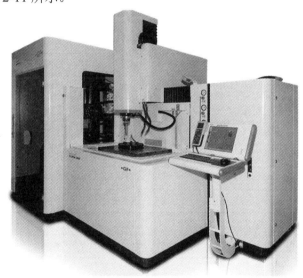

图 2-11　带工具电极库的数控电火花成形机床

2) 数控电火花成形机床的数控系统工作原理

数控电火花成形机床能实现工具电极和工件之间的多种相对运动，可以用来加工多种较复杂的型腔。目前，绝大部分数控电火花成形机床均采用国际上通用的 ISO 代码进行编程、程序控制、数控平动加工等。

(1) ISO 代码编程。

ISO 代码是国际标准化机构制定的用于数控编码和程序控制的一种标准代码。代码主要有 G 指令(即准备功能指令)和 M 指令(即辅助功能指令)，目前市场上主流企业常用的 ISO 代码见表 2-1。

表 2-1　常用的电火花加工数控指令

代　码	功　　能	代　码	功　　能
G00	快速移动、定位指令	G147	定位于基准球上方
G01	直线插补	G148	型腔定位基准
G02	顺时针圆弧插补指令	G149	取消定位基准
G03	逆时针圆弧插补指令	G150	预设工件坐标值(与G92类似)
G04	暂停指令	M00	暂停指令
G17	XOY平面选择	M01	条件选择性暂停
G18	XOZ平面选择	M02	程序结束指令
G19	YOZ平面选择	M3	C轴顺时针旋转
G20	英制	M4	C轴逆时针旋转
G21	公制	M5	C轴不旋转
G40	取消电极补偿	M05	忽略接触感知
G41	电极左补偿	M6	电极更换
G42	电极右补偿	M22	工作液槽充满
G54	选择工作坐标系0	M23	工作液槽排空
G55	选择工作坐标系1	M24	工作液槽热平衡循环
G56	选择工作坐标系2	M25	工作液槽上升与充满
G80	移动轴直到接触感知	M30	程序结束
G81	移动到机床的极限	M60	更换工件
G82	回到当前位置与零点的一半处	M80	冲油、工作液流动
G90	绝对坐标指令	M84	接通脉冲电源
G91	增量坐标指令	M85	关断脉冲电源
G92	设置坐标原点	M89	工作液排除
G130	找边(与G80类似)	M98	子程序调用
G133	电极偏心测量	M99	子程序结束
G145	电极单边偏心测量		

以上指令代码，绝大部分与数控铣床、车床的指令代码相同，只有 G54、G80、G130、G82、G150、M05 等是以前接触较少的指令代码，下面对这些指令代码重点介绍。

‧ G54

一般的电火花成形机床都有几个或几十个工作坐标系，可以用 G54、G55、G56 等指令进行切换。在找正或加工过程中定义工作坐标系的主要目的是确定工件的基准或使坐标的数值更简洁。这些定义工作坐标系的指令可以和 G92 一起使用。G92 只能将某点在当前坐标系中定义为某一个值，但不能将该点在所有的坐标系中都定义成某一个值。

如图 2-12 所示，可以通过如下指令切换工作坐标系：

G92 G54 X0 Y0；

G00 X20. Y30.；

G92 G55 X0 Y0；

上述指令首先把当前的 O 点定义为"工作坐标系 0"的零点，然后把 X、Y 轴分别快速移动 20 mm 和 30 mm 到达点 O′，并把该点定义为"工作坐标系 1"的零点。

图 2-12　工作坐标系切换

· G80

含义：接触感知。

格式：G80　轴加方向

例如：

　　G80 X-；　/电极将沿 X 轴的负方向前进，直到接触到工件，然后停在那里

· G130

G130 指令与 G80 指令类似，主要用于 GF 公司 FORM 系列电火花成形机床。

含义：对边。

格式：G130　轴加方向与数值

例如

　　G130 X-1；　/电极将沿 X 轴的负方向前进，直到接触到工件，然后默认回退 1 mm

接触感知(或对边)命令主要用来确定电极相对于工件的位置。部分电火花成形机床没有接触感知命令，但有类似的菜单，如"对边"。

"对边"即边缘找正。此命令可实现电极在 X、Y、Z 轴三个方向的边缘找正。图 2-13(a) 所示为苏三光公司机床的对边对话框，用户可以选择 X、Y 轴正负四个方向的任一方向进行边缘找正。边缘找正开始时电极沿指定方向缓慢接近工件，直至接触感知。图 2-13(b)所示为 GF 公司机床的对边界面。坐标后面空格表示该轴不感知，+1 表示沿正方向感知，−1 表示沿负方向感知。如 Z-1 表示沿着 Z 轴负方向感知。

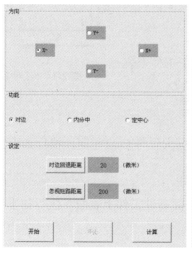

(a)

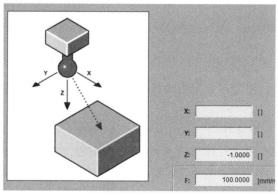

(b)

图 2-13　对边对话框及界面

- G82

含义：移动到原点和当前位置一半处。

格式：G82 轴

例如：

    G92 X100;　　　/将当前点的 X 轴坐标设为 100 mm

    G82 X;　　　　　/将电极移到当前坐标系 X=50 mm 的地方

- G150

含义：预设工件坐标值。

格式：G150 轴加坐标值(D1)

不加 D1 时将找边接触的位置预设为坐标值，加 D1 时将当前位置预设为坐标值。

例如：

    G150 X10 Y20 Z0 D1　　/将当前坐标值预设为 X10Y20Z0

G150 与 G92 命令类似，G150 主要用于 GF 公司 FORM 系列电火花成形机床。

- M05

含义：忽略接触感知，只在本段程序起作用。具体用法是：当电极与工件接触感知并停在此处后，若要移走电极，则用此代码。

例如：

    G80 X-;　　　　　　　　/X 轴负方向接触感知

    G90 G92 X0 Y0;　　　　 /设置当前点坐标为(0，0)

    M05 G00 X10;　　　　　/忽略接触感知且把电极向 X 轴正方向移动 10 mm

若去掉上面代码中的 M05，则电极往往不动作，G00 不执行。

以上代码通常用在加工前电极的定位上，下面举例说明。

如图 2-14 所示，ABCD 为矩形工件，AB、BC 边为设计基准，现欲用电火花成形机床加工一圆形图案，图案的中心为 O 点，O 到 AB 边、BC 边的距离如图中所示。已知圆形电极的直径为 20 mm，试写出电极定位于 O 点的具体过程。

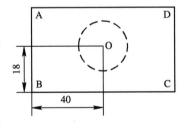

图 2-14　工件找正图

具体过程如下：

首先将电极移到工件 AB 的左边，电极下表面低于工件上表面 5~10 mm，Y 轴坐标大致与 O 点相同，执行如下指令：

    G80 X+;

    G90 G92 X0;

然后用手控盒将电极移到工件 BC 的下边，X 坐标大致与 O 点相同，执行如下指令：

    G80 Y+;

    G92 Y0;

最后用手控盒移动 Z 轴，抬高电极，使电极下表面高过工件上表面，执行如下指令：

    G00 X50 Y28;

(2) 数控平动加工。

如前面所述，普通电火花成形机床为了修光侧壁和提高其尺寸精度会配置平动头，以使工具电极轨迹可以向外逐步扩张，即可以平动。对数控电火花成形机床而言，由于工作台是数控的，可以实现工件加工轨迹逐步向外扩张，故数控电火花成形机床不需要平动头。

具体来说，平动加工的作用是：

(1) 可以精确控制加工的尺寸精度。

(2) 可以加工出复杂的形状，如螺纹。

(3) 可以获得更好的表面粗糙度。

(4) 可以加工出清棱、清角的侧壁和底边。

(5) 变全面加工为局部加工，有利于排屑，提升加工的稳定性。

(6) 对电极尺寸精度要求不高。

平动加工的编程代码均为各公司自己规定。以 GF 公司为例，其 FORM 系列电火花成形机床的平动加工指令代码如表 2-2 所示。

表 2-2　平动加工类型的应用及特点

序号	图标	平动加工指令	应用	平动方式
1		G101	对侧壁没有表面粗糙度要求	无平动
2		G102	应用广泛，尤其适合精细表面加工	起始阶段无平动，当加工至深度剩余尺寸与电极尺寸缩放量相等时，侧面与底部同步平动
3		G103	内螺纹平动加工、倒扣加工	加工至指定深度后，实行侧壁扩孔式平动
4		G104	精密复杂 3D 型腔加工	在经线与纬线方向进行球形平动
5		G105	冲头加工，电极高度小于加工部位高度	始终保持平动状态进给加工
6		G106	圆锥形平动	作圆锥形平动
7		G107	清角加工	电极朝指定方向与角数作插补加工
8		G108	C 轴加工螺纹	C 轴与 Z 轴联动进给加工
9		G109	轨迹加工	输入 ISO 代码，按照轨迹加工

在通常的数控电火花成形加工中，大多数情况下使用 G102 平动指令，因为可以兼顾尺寸精度、表面质量与加工速度。

G102 的语法规则是：

　　G102 D__ U__ S__ (H__) (W__) (Q__) (X__) (Y__)

例如：

　　G102D10U0.15S11H0.02Q2　/D、U、S 是平动加工必须包含的参数，括号中的参数是可选的

参数说明：

D：型腔的加工深度，取值总是正的。

U：电极的单边尺寸缩放量。

S：调用放电工艺表代号。

H：型腔深度的修正参数。

W：型腔宽度的修正参数。

Q：平动中用象限表示的形状参数，默认值为 Q1，为圆形平动，Q2 为方形平动。

X：沿 X 轴的附加平动距离。

Y：沿 Y 轴的附加平动距离。

6. 电火花成形机床的常见功能

电火花成形机床的常见功能如下：

(1) 回原点操作功能：数控电火花成形机床一般在开机后首先要回到机械坐标的零点，即 X、Y、Z 轴回到其轴的正极限处，这样，机床的控制系统才能复位。有些机床只有在发生撞机或突然掉电等异常情况导致机床零点丢失时，为避免后续机床运动出现紊乱，才需要执行此功能。

(2) 置零功能：将当前点的坐标设置为零。

(3) 接触感知功能：使电极与工件接触，以便定位。

(4) 其他常见功能，如找内中心功能、找外中心功能、侧向加工功能等。

2.3　电火花线切割机床简介

2.3.1　我国电火花线切割机床的发展历史、分类和型号

1. 我国电火花线切割机床的发展历史

20 世纪 60 年代中期，上海电表厂张维良工程师等科技工作者，综合阳极机械切割和慢走丝线切割加工工艺和设备，发明创造研制出具有实用价值、我国独有的高速往复走丝电火花线切割加工工艺和设备(又称快走丝线切割机床)，并获得国家发明创造奖。20 世纪 70 年代，苏州长风厂生产了第一台商品化的快走丝线切割机床。20 世纪 80 年代以后，高速往复走丝线切割技术发展迅速，特别是单板机、单片机数控电火花线切割机床年产量达到上万台。1984 年，营口电火花机床厂试制成功 DK7740 型高速走丝电火花线切割机床，这是当时中国规格最大、最早采用微机控制的电火花线切割机床，是带有锥度加工功能的大型电火花线切割机床。20 世纪 90 年代，我国在引进吸收国外先进技术的基础上开始生产低速走丝电火花线切割机床(又称慢走丝线切割机床)。目前，国产低速走丝线切割机床质量、产量逐渐接近国际先进水平，加工精度进入微米级。21 世纪以来，国内企业借鉴低速走丝线切割机床的优点，研制出了能够在高速往复走丝电火花线切割机床上实现多次切割功能的新一代机床，俗称"中走丝线切割机床"，其加工的表面粗糙度大幅度改善，加工精度亦有明显提高。

快走丝线切割机床是我国独创技术的机种，目前已经成为我国数控机床中应用最广、产量最大的机种之一，是我国科技工作者在制造业的重要创新成果。年轻一代大学生应该感到自豪，并积极响应党的二十大报告号召，为"实现高水平科技自立自强""进入创新型国家前列"而努力学习。

2．分类

电火花线切割机床可按多种方法进行分类，通常按电极丝的走丝速度分成快走丝线切割机床(WEDM-HS)与慢走丝线切割机床(WEDM-LS)。

1) 快走丝线切割机床

快走丝线切割机床的电极丝做高速往复运动，一般走丝速度为 8～10 m/s，是我国独创的电火花线切割加工模式。快走丝线切割机床上运动的电极丝能够双向往返运行，重复使用，直至断丝为止。常用电极丝为直径 $\phi 0.10 \sim \phi 0.30$ mm 的钼丝(有时也用钨丝或钨钼丝)。对小圆角或窄缝切割，也可采用直径 $\phi 0.06$ mm 的钼丝。

工作液通常采用乳化液。快走丝线切割机床结构简单、价格便宜、生产率高，但由于运行速度快，工作时机床震动较大。钼丝和导轮的损耗快，加工精度和表面粗糙度就不如慢走丝线切割机床，其加工精度一般为 0.01～0.02 mm，表面粗糙度 Ra 为 1.25～2.5 μm。

2) 慢走丝线切割机床

慢走丝线切割机床走丝速度低于 0.2 m/s，常用黄铜丝(有时也采用紫铜、钨、钼和各种合金的涂覆线)作为电极丝，电极丝直径通常为 $\phi 0.10 \sim \phi 0.35$ mm。电极丝仅从一个单方向通过加工间隙，不重复使用，避免了因电极丝的损耗而降低加工精度。同时由于走丝速度慢，机床及电极丝的震动小，因此加工过程平稳，加工精度高，可达 0.001 mm，表面粗糙度 $Ra \leqslant 0.04$ μm。

慢走丝线切割机床的工作液一般采用去离子水，生产率较高。

3．型号

国标规定的数控电火花线切割机床的型号，如 DK7725 的基本含义为：D 为机床的类别代号，表示电加工机床；K 为机床的特性代号，表示数控机床；第一个 7 为组代号，表示电火花加工机床；第二个 7 为系代号(快走丝线切割机床为 7，慢走丝线切割机床为 6，电火花成形机床为 1)；25 为基本参数代号，表示工作台横向行程为 250 mm。

2.3.2　快走丝线切割机床简介

快走丝线切割机床主要由机床本体、脉冲电源、数控系统和工作液循环系统组成，如图 2-15 所示。机床本体由床身、工作台和走丝系统组成，其中走丝系统包含丝架和储丝筒，实现电极丝的往返运动。脉冲电源和数控系统通常在电源控制箱中。

1．机床本体

1) 床身

床身一般为铸件，是工作台、绕丝机构及丝架的支撑和固定基础。通常采用箱式结构，应有足够的强度和刚度。床身内部安置电源和工作液箱，考虑电源的发热和工作液泵的振动，有些机床将电源和工作液箱移出床身外另行安放。

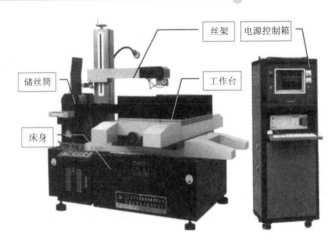

图 2-15　快走丝线切割机床组成

2) 工作台

工作台由上滑板和下滑板组成,快走丝线切割机床最终都是通过工作台与电极丝的相对运动来完成对零件的加工。为保证机床精度,就必须对导轨的精度、刚度和耐磨性有较高的要求。一般都采用十字滑板、滚动导轨和丝杆传动副将电动机的旋转运动转变为工作台的直线运动,通过两个坐标方面各自的进给移动,可合成获得各种平面图形的直线、曲线轨迹。为保证工作台的定位精度和灵敏度,传动丝杆和螺母之间必须消除间隙。

3) 走丝系统

走丝系统使电极丝以一定的速度运动并保持一定的张力。在快走丝线切割机床上,一定长度的电极丝平整地缠绕在储丝筒上,如图 2-16(a)所示,电极丝张力与缠绕时的拉紧力有关,储丝筒通过联轴节与驱动电动机相连。为了重复使用该段电极丝,电动机由专门的换向机构[见图 2-16(b)]控制,做正反向交替运转。走丝速度等于储丝筒周边的线速度,通常为 8～10 m/s。在运动过程中,电极丝由丝架支撑,并依靠导丝轮保持电极丝与工作台垂直或倾斜一定的几何角度(锥度切割时)。

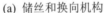

(a) 储丝和换向机构　　　　　　　　　(b) 换向机构

图 2-16　储丝筒

走丝系统主要由导丝轮、导电路、张力调节器组成[见图 2-17(a)],其具体说明及用途如下:

(1) 导丝轮。导丝轮又称导向轮或导轮。在电火花线切割加工中,电极丝的丝速通常为 8～10 m/s,如采用固定导向器来定位快速运动的电极丝,即使是高硬度的金刚石,寿命也很短。因此，通常采用由滚动轴承支撑导丝轮，利用滚动轴承的高速旋转功能来承担电极丝的高速移动。

(2) 导电器。导电器有时又称为导电块，高频电源的负极通过导电器与高速运行的电极丝连接。因此，导电器必须耐磨，而且接触电阻要小。由于切割微粒黏附在电极丝上，导电器磨损后拉出一条凹槽，凹槽会增加电极丝与导电器的摩擦，加大电极丝的纵向振动，影响加工精度和表面粗糙度。因此，导电器要能多次使用。快走丝线切割机床的导电器有两种：一种是圆柱形，电极丝与导电器的圆柱面接触导电，可以做轴向移动和圆周转动，以满足多次使用的要求；另一种是方形或圆形的薄片，电极丝与导电器面积较大的一面接触导电，方形或圆形薄片的转动可以满足多次使用的要求。导电器的材料都采用硬质合金，既耐磨又导电。

(3) 张力调节器。加工时，电极丝因往复运行，经受交变应力及放电时的热轰击而被拉长导致电极丝的张力减小，影响加工精度和表面粗糙度。没有张力调节器，就需人工紧丝。如果加工大工件，中途紧丝就会在加工表面形成接痕，影响表面粗糙度。张力调节器的作用就是依靠重锤的拉力，通过导轨和滑块，将拉长的电极丝拉紧，使运行的电极丝保持在一个恒定的张力上，也称恒张力机构。张力调节器如图 2-17(b)所示。张紧重锤 2 在重力作用下，带动张紧滑块 4，两个张紧轮 5 沿导轨移动，始终保持电极丝处于拉紧状态，保证加工平稳。

1—储丝筒；
2—重锤；
3—固定插销；
4—张紧滑块；
5—张紧轮；
6—导丝轮；
7—导电块；
8—导丝轮。

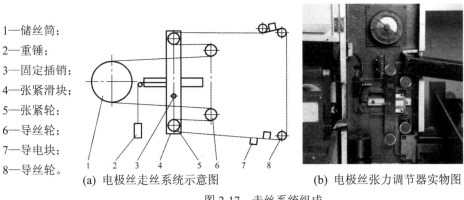

(a) 电极丝走丝系统示意图　　　　(b) 电极丝张力调节器实物图

图 2-17　走丝系统组成

2．脉冲电源

电火花线切割加工的脉冲电源与电火花成形加工的脉冲电源在原理上相同，不过受加工表面粗糙度和电极丝允许承载电流的限制，电火花线切割加工脉冲电源的脉宽较窄(2～60 μs)，单个脉冲能量、平均电流(1～5 A)一般较小，所以电火花线切割总是采用正极性加工。

3．数控系统

数控系统在电火花线切割加工中起着重要作用，具体体现在以下两个方面：

(1) 轨迹控制作用。数控系统精确地控制电极丝相对于工件的运动轨迹，使零件获得所需的形状和尺寸。

(2) 加工控制。数控系统能根据放电间隙大小与放电状态控制进给速度，使之与工件材料的蚀除速度相平衡，保持正常的稳定切割加工。

目前绝大部分机床采用数字程序控制，并且普遍采用绘图式编程技术，操作者首先在计算机屏幕上画出要加工的零件图形，线切割专用软件(如 YH 软件、北航海尔的 CAXA 线切割软件)会自动将图形转化为 ISO 代码或 3B 代码等线切割程序。

4. 工作液循环系统

工作液循环系统是电火花线切割机床不可缺少的一部分，其主要包括工作液箱、工作液泵、流量控制阀、进液管、回液管和过滤网等。工作液的作用是及时地从加工区域中排除电蚀产物，并连续充分供给清洁的工作液，以保证脉冲放电过程稳定而顺利地进行。目前绝大部分快走丝线切割机床的工作液是专用乳化液。乳化液种类繁多，使用时可根据相关资料来正确选用。

2.3.3　慢走丝线切割机床简介

慢走丝线切割机床由主机(包含床身、工作台、运丝系统和工作液循环系统)、电柜、操作台(含手控盒)等部分组成，如图 2-18 所示。

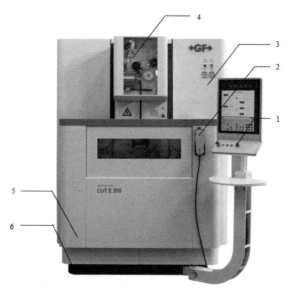

1—操作台；2—手控盒；3—电柜；4—运丝系统；5—工作液循环系统；6—床身。

图 2-18　慢走丝线切割机床的基本组成

1. 主机

慢走丝线切割机床的主机是其机械部分，用于安装及支承工件，保证它们的相对位置，并实现加工过程中稳定的进给运动。机床主机主要由床身、工作台、运丝系统、工作液循环系统等部分组成。

1) 床身

床身是慢走丝线切割机床的基础结构，起到支撑的作用。床身和立柱是整个机床的主要机械部分，床身和立柱的制造、装配必须满足各种几何精度与力学精度，才能保证加工过程中电极丝与工件的相对位置，保证加工精度。图 2-19 为 GF 公司某型号慢走丝线切割机床的床身结构示意图。

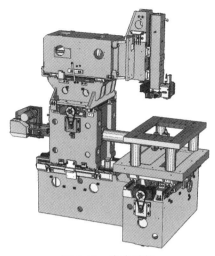

图 2-19　床身结构

2) 运丝系统

运丝系统是慢走丝线切割机床的一个关键部件。运丝系统主要用于：安装、更换电极丝；手动、自动穿丝；测量工件，确定工件的基准零点；在加工中保证电极丝运丝平稳，正常放电。

慢走丝线切割机床的电极丝从丝卷经过运丝部位的导轮、张力机构，进入上导丝器、工件、下导丝器，被收丝部件送入储丝筒。加工中电极丝始终单向运行。

图 2-20 所示的运丝系统配备了先进的自动穿丝机构，极大地提高了穿丝成功率。在自动穿丝过程中，高压喷射的水流将电极丝送入上下导丝嘴，经过压丝轮后完成穿丝。在自动剪丝时，上导电块上部的电极丝被加热，随后被压缩空气局部冷却，导致电极丝被拉伸变细，直至一定程度后断开，使得电极丝头部呈尖形，无毛刺，方便穿丝。此外，运丝系统的电极丝张力可根据需要设定不同的张力值，其调节范围广泛。

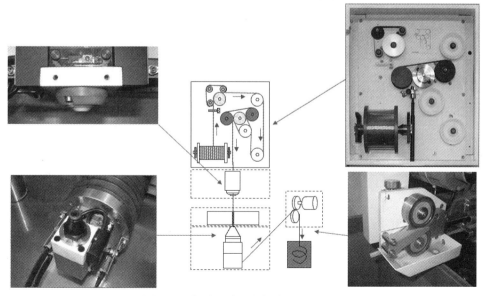

图 2-20　慢走丝线切割机床的运丝系统

慢走丝线切割机床的电极丝自动穿丝的基本原理如图 2-20 所示，包括四个过程：

(1) 电极丝加热：抱闸和上导丝部之间的电极丝被加热。

(2) 电极丝冷却：气流冷却电极丝，同时电极丝被拉长变细。

(3) 电极丝拉断：电极丝被拉到一定长度后断开，端部无毛刺且呈尖形。

(4) 穿丝：电极丝穿过导丝嘴和工件。

3) 工作台

工作台固定在 T 形床身上，主要用来支承和装夹工件。工作台上开有螺纹孔，方便装夹与固定工件。工作台应具有耐用、平面度精度高等特点。

4) 工作液循环系统

慢走丝线切割加工是在液体介质中进行的，因此必须要有工作液循环过滤系统，用于工作液的储存、循环、过滤、净化和冷却。

2. 电柜

慢走丝线切割机床的电柜包括脉冲电源、轴驱动系统和 CNC 控制系统。

脉冲电源是电柜的核心部分，它将输入的交流电转换为可精确控制时间的脉冲电源输出。先进的慢走丝线切割机床的技术核心主要集中在脉冲电源。脉冲电源性能的好坏直接关系到慢走丝线切割机床加工的工艺指标。

轴驱动系统通过控制伺服电机的转速、方向来完成加工位置的定位、加工速度的进给及短路的检测。其最重要的作用是在放电加工中使电极丝与工件实时保持合理的间隙，使放电加工处于最佳状态。使用带光栅尺的全闭环系统可以实现微米级的精度控制。

CNC 控制系统负责将操作命令发送给机床的脉冲电源、轴驱动系统及其他部件。

3. 操作台

操作台是实现人机对话的重要媒介。操作者可以通过人机界面将操作指令或程序、图形等输入，使机床执行相应的动作。

慢走丝线切割机床在加工过程中，电极丝运丝速度慢，加工性能好。表 2-3 为 GF 公司某型号慢走丝线切割机床技术参数。

表 2-3　CUT E350 机床技术参数

项　　目		技术参数
床身	机床型号	CUT E350
	机床尺寸	2470 mm × 1750 mm × 2220 mm
	机床空载重量	2525 kg
加工范围	最大工件重量	400 kg
	最大工件尺寸	820 mm × 680 mm × 250 mm
	X、Y、Z 轴最大行程	350 mm × 250 mm × 250 mm
	U、V 轴行程	±45 mm
	最大切割锥度	±30º/77 mm
X、Y、Z 轴	轴移动速度	3 m/min
	X、Y、Z 轴测量分辨率	0.1 μm

续表

项　　目		技术参数
放电电源	放电电源类型	IPG
	最佳表面粗糙度	Ra 0.12 μm
工作液	工作液箱容积	760 L
	过滤纸芯	2 个
电极丝	标配导丝嘴	ϕ0.25 mm 或ϕ0.20 mm
	可调控丝张力	0.2～30 N
	可调控运丝速度	1～30 m/min
	自动穿丝预备孔最小直径	ϕ0.8 mm
	0.25 mm 电极丝自动穿丝最大高度	220 mm
控制系统	操作系统	Windows
	用户界面	AC CUT HMI

2.3.4 电火花线切割机床常见的功能

电火花线切割机床常见的功能如下:

(1) 模拟加工功能:模拟显示加工时电极丝的运动轨迹及其坐标。

(2) 短路回退功能:加工过程中若由于进给速度太快而电腐蚀速度慢,在加工时出现短路现象,则控制器会改变加工条件并沿原来的轨迹快速后退,消除短路,防止断丝。

(3) 回原点功能:遇到断丝或其他一些情况,需要回到起割点时,可执行回原点操作。

(4) 单段加工功能:加工完当前段程序后自动暂停,并有相关提示信息。此功能主要用于检查程序每一段的执行情况。

(5) 暂停功能:暂时中止当前操作的功能(如加工、单段加工、模拟、回退等)。

(6) MDI 功能(手动数据输入方式输入程序功能):可通过操作面板上的键盘,把数控指令逐条输入存储器中。

(7) 进给控制功能:能根据加工间隙的平均电压或放电状态的变化,通过取样、变频电路,不断定期地向计算机发出中断申请,自动调整伺服进给速度,保持平均放电间隙,使加工稳定,提高切割速度和加工精度。

(8) 间隙补偿功能:电火花线切割加工数控系统所控制的是电极丝中心移动的轨迹。因此,加工零件时有补偿量,其大小为单边放电间隙与电极丝半径之和。

(9) 自动找中心功能:电极丝能够自动找正,完成后停在孔中心。

(10) 信息显示功能:可动态显示程序号、计数长度、电规准参数、切割轨迹等。

(11) 断丝保护功能:断丝时,控制机床停在断丝坐标位置上,等待处理,同时停止输出脉冲,停止运丝。

(12) 停电记忆功能:可保存全部内存加工程序,当前没有加工完的程序在停电状态下可保持记忆。

(13) 断电保护功能:在加工时如果突然发生断电,系统会自动记忆当时的加工状态,在下次来电加工时，可继续从断电处开始加工。

(14) 分时控制功能：可以一边进行切割加工，一边编写另外的程序。

(15) 倒切加工功能：从编程方向的反方向进行加工，主要用在加工大工件、厚工件时电极丝断丝等场合。电极丝在加工中断丝后穿丝较困难，若从起割点重切，不但耗费时间，而且重复加工时，间隙内的污物多，易造成拉弧、断丝。此时可以采用倒切加工功能，即回到起始点，用倒切加工功能完成加工任务。

(16) 平移功能：主要用在切割完当前图形后，在另一个位置加工同样图形等场合。这种功能可以省掉重新画图的时间。

(17) 跳步功能：将多个加工轨迹连接成一个跳步轨迹(如图 2-21 所示)，可以简化加工的操作过程。图 2-21 中实线为零件形状，虚线为电极丝路径。

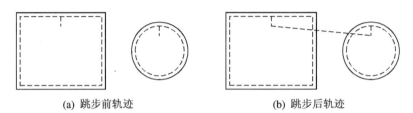

(a) 跳步前轨迹　　　　　　　　　　　(b) 跳步后轨迹

图 2-21　轨迹跳步

(18) 任意角度旋转功能：工件装夹方向和编程方向不一致时，可以通过旋转坐标系，将工件和程序的方向统一起来。

(19) 代码转换功能：能将 ISO 代码转换为 3B 代码等。

(20) 上下异形功能：可加工出上下表面形状不一致的零件，如上面为圆形，下面为方形等。

习　　题

一、判断题

(　　　) 1. 电火花加工是通过放电产生的热量来去除金属材料，因此可以加工任何硬度的材料。

(　　　) 2. 在电火花加工中，工具电极和工件之间存在显著的机械切削力。

(　　　) 3. 电火花成形加工和电火花线切割加工的加工原理相同，加工工艺规律相似。

(　　　) 4. 电火花成形机床可以加工各种塑料零件。

(　　　) 5. 因局部温度很高，电火花成形机床不但可以加工可导电的材料，还可以加工不导电的材料。

(　　　) 6. 为了提高机床性能，数控电火花成形机床最好配置数控平动头，以提高电极平动范围。

(　　　) 7. 快走丝线切割机床是中国发明的。

(　　　) 8. DK7125 中的 25 表示机床 X 轴行程为 250 mm。

(　　　) 9. 用电火花成形机床加工一个方形型腔，其加工的清角半径等于电极的角部半径。

(　　) 10. 慢走丝线切割机床的加工速度通常低于快走丝线切割机床的加工速度。

二、单项选择题

1. 下列加工方法中，加工过程中产生作用力最小的是(　　)。

A. 铣削加工　　　　　　　　　　B. 磨削加工

C. 车削加工　　　　　　　　　　D. 电火花加工

2. 某国产机床型号为 DK7125，其中 D 表示(　　)。

A. 电火花线切割机床　　　　　　B. 电加工机床

C. 电火花成形机床　　　　　　　D. 电火花穿孔机床

3. 电火花成形机床的核心零部件是(　　)。

A. 机床本体　　　　　　　　　　B. 脉冲电源

C. 自动进给调节系统　　　　　　D. 工作液循环过滤系统

4. 下列液体中，最适宜作为电火花成形机床工作液的是(　　)。

A. 汽油　　　　　B. 纯净水　　　　C. 柴油　　　　　D. 自来水

5. 下列 ISO 代码中，属于接触感知指令的是(　　)。

A. G80　　　　　B. G81　　　　　C. G82　　　　　　D. M05

三、问答题

1. 电火花加工的物理本质是什么？

2. 电火花成形加工与电火花线切割加工的异同点是什么？

3. 电火花成形机床有哪些常用的功能？

4. 电火花线切割机床有哪些常用的功能？

第3章　电火花成形加工工艺规律

3.1　电火花成形加工的常用术语

下面介绍电火花成形加工中常用的主要名词术语和符号。

1. 工具电极

电火花成形加工用的电极是电火花放电时的主要工具之一，故称为工具电极，简称电极(如图3-1所示)。

2. 放电间隙

放电间隙是放电时工具电极和工件间的距离，它的大小一般为0.005～0.5 mm，粗加工时间隙较大，精加工时则较小。

3. 脉冲宽度 $t_i(\mu s)$

脉冲宽度简称脉宽(也常用 ON、T_{ON} 等符号表示)，是加到电极和工件上放电间隙两端的电压脉冲的持续时间(如图3-2所示)。为了防止电弧烧伤，电火花成形加工只能用断断续续的脉冲电压波。一般来说，粗加工时可用较大的脉宽，精加工时只能用较小的脉宽。

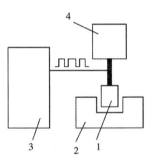

1—工具电极；2—工件；
3—脉冲电源；4—伺服进给系统。

图3-1　电火花成形加工示意图

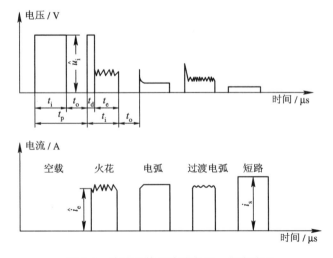

图3-2　脉冲参数与脉冲电压、电流波形

4. 脉冲间隔 $t_o(\mu s)$

脉冲间隔简称脉间或间隔(也常用 OFF、T_{OFF} 表示)，它是两个电压脉冲之间的间隔时间(如图 3-2 所示)。间隔时间过短，放电间隙来不及消电离和恢复绝缘，容易产生电弧放电，烧伤电极和工件；脉间选得过长，将降低加工效率。加工面积、加工深度较大时，脉间也应稍大。

5. 电流脉宽 $t_e(\mu s)$

电流脉宽是工作液介质击穿后放电间隙中流过放电电流的时间，它比电压脉宽稍小，二者相差一个击穿延时 t_d。t_i 和 t_e 对电火花成形加工的效率、表面粗糙度和电极损耗有很大影响，但实际起作用的是电流脉宽 t_e。

6. 击穿延时 $t_d(\mu s)$

从间隙两端加上脉冲电压后，一般要经过一小段延续时间 t_d，工作液介质才能被击穿放电，这一小段时间 t_d 称为击穿延时(见图 3-2)。击穿延时 t_d 与平均放电间隙的大小有关，工具欠进给时，平均放电间隙变大，平均击穿延时 t_d 就大；反之，工具过进给时，放电间隙变小，t_d 也就小。

7. 脉冲周期 $t_p(\mu s)$

一个电压脉冲开始到下一个电压脉冲开始之间的时间称为脉冲周期，显然，$t_p = t_i + t_o$。(如图 3-2 所示)。

8. 脉冲频率 $f_p(Hz)$

脉冲频率是指单位时间内电源发出的脉冲个数。显然，它与脉冲周期 t_p 互为倒数，即

$$f_p = \frac{1}{t_p}$$

9. 有效脉冲频率 $f_e(Hz)$

有效脉冲频率是单位时间内在放电间隙上发生有效放电的次数，又称工作脉冲频率。

10. 脉冲利用率 λ

脉冲利用率 λ 是有效脉冲频率 f_e 与脉冲频率 f_p 之比，又称频率比，即

$$\lambda = \frac{f_e}{f_p}$$

亦即单位时间内有效火花脉冲个数与该单位时间内的总脉冲个数之比。

11. 脉宽系数 τ

脉宽系数是脉冲宽度 t_i 与脉冲周期 t_p 之比，其计算公式为

$$\tau = \frac{t_i}{t_p} = \frac{t_i}{t_i + t_o}$$

12．占空比 ψ

占空比是脉冲宽度 t_i 与脉冲间隔 t_o 之比，即 $\psi=t_i/t_o$。粗加工时占空比一般较大，精加工时占空比应较小，否则放电间隙来不及消电离恢复绝缘，容易引起电弧放电。

13．开路电压或峰值电压 $\hat{u}_i$ (V)

开路电压是间隙开路和间隙击穿之前 t_d 时间内电极间的最高电压(见图 3-2)。一般晶体管方波脉冲电源的峰值电压 $\hat{u}_i=60\sim80$ V，高低压复合脉冲电源的高压峰值电压为 $175\sim300$ V。峰值电压高时，放电间隙大，生产率高，但成形复制精度较差。

14．火花维持电压

火花维持电压是每次火花击穿后，在放电间隙上火花放电时的维持电压，一般在 25 V 左右，但它实际是一个高频振荡的电压(见图 3-2)。

15．加工电压或间隙平均电压 U(V)

加工电压或间隙平均电压是指加工时电压表上指示的放电间隙两端的平均电压，它是多个开路电压、火花放电维持电压、短路和脉冲间隔等电压的平均值。

16．加工电流 I(A)

加工电流是加工时电流表上指示的流过放电间隙的平均电流。加工电流精加工时小，粗加工时大，间隙偏开路时小，间隙合理或偏短路时则大。

17．短路电流 I_s(A)

短路电流是放电间隙短路时电流表上指示的平均电流。它比正常加工时的平均电流要大 20%～40%。

18．峰值电流 $\hat{i}_e$(A)

峰值电流是间隙火花放电时脉冲电流的最大值(瞬时)，在日本、英国、美国常用 I_p 表示(见图 3-2)。虽然峰值电流不易测量，但它是影响加工速度、表面质量等的重要参数。在设计制造脉冲电源时，每一功率放大管的峰值电流是预先计算好的，选择峰值电流实际是选择几个功率管进行加工。

19．短路峰值电流 $\hat{i}_e$(A)

短路峰值电流是间隙短路时脉冲电流的最大值(见图 3-2)，它比峰值电流要大 20%～40%，与短路电流 I_s 相差一个脉宽系数的倍数，即 $I_s=\tau\cdot\hat{i}_s$。

20．放电状态

放电状态是指电火花放电间隙内每一个脉冲放电时的基本状态，一般分为以下五种放电状态和脉冲类型(见图 3-2)。

(1) 开路(空载脉冲)：放电间隙没有击穿，间隙上有大于 50 V 的电压，但间隙内没有电流流过，为空载状态。

(2) 火花放电(工作脉冲，或称有效脉冲)：间隙内绝缘性能良好，工作液介质被击穿后能有效地抛出、蚀除金属。其波形特点是：电压上有 t_d、t_e 和 i_e，波形上有高频振荡的小锯齿。

(3) 短路(短路脉冲)：放电间隙直接短路，这是由于伺服进给系统瞬时进给过多或放电间隙中有电蚀产物搭接所致。间隙短路时电流较大，但间隙两端的电压很小，没有蚀除加工作用。

(4) 电弧放电(稳定电弧放电)：由于排屑不良，放电点集中在某一局部而不分散，导致局部热量积累，温度升高，如此恶性循环，此时火花放电就成为电弧放电。由于放电点固定在某一点或某一局部，因此称为稳定电弧，常使电极表面积碳、烧伤。电弧放电的波形特点是击穿延时和高频振荡的小锯齿基本消失。

(5) 过渡电弧放电(不稳定电弧放电，或称不稳定火花放电)：过渡电弧放电是正常火花放电与稳定电弧放电的过渡状态，是稳定电弧放电的前兆。其波形特点是击穿延时很小或接近于零，仅成为一尖刺，电压电流表上的高频分量变低或成为稀疏的锯齿形。

以上各种放电状态在实际加工中是交替、概率性地出现的(与加工规准和进给量、冲油、工作液污染等有关)，甚至在一次单脉冲放电过程中，也可能交替出现两种以上的放电状态。

3.2　影响材料放电腐蚀的因素

在电火花成形加工中，工具电极和工件同时遭受到不同程度的放电腐蚀(简称电蚀)，工具电极电蚀的速度和工件电蚀的速度并不一致。在实际中，深入研究放电腐蚀的规律和机理，尽可能提高工件电蚀的速度，对于提高电火花成形加工生产效率具有重要的意义。

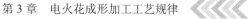

1. 极性效应对电蚀量的影响

在电火花成形加工时，相同材料(如用钢电极加工钢)两电极的被腐蚀量是不同的。其中一个电极比另一个电极的蚀除量大，这种现象叫作极性效应。如果两电极材料不同，则极性效应更加明显。在生产中，将工件接脉冲电源正极(工具电极接脉冲电源负极)的加工称为正极性加工(如图 3-3 所示)，反之称为负极性加工(如图 3-4 所示)。

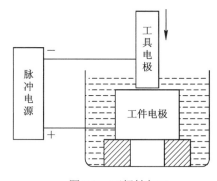
图 3-3　正极性加工

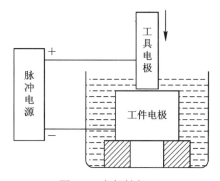
图 3-4　负极性加工

极性效应产生的原因很复杂，原则性解释为：在电火花放电过程中，正、负电极表面分别受到电子和正离子的轰击及瞬时热源的作用，在两极表面所分配到的能量不一样，因而熔化、气化抛出的电蚀量也不一样。在电场的作用下，放电通道中的电子奔向正极，正离子奔向负极。由于电子质量小、惯性小，运动灵活，容易获得较高的加速度和速度，在放电初始阶段就有大量的电子奔向正极，并轰击正极表面，使正极表面迅速熔化和气化；

而正离子质量和惯性较大，启动和加速较慢。在放电初始阶段，大量的正离子来不及达到负极表面，只有一小部分正离子能够到达负极表面并传播能量，因此电子的轰击作用大于正离子的轰击作用，正极的电蚀量大于负极的电蚀量。所以在短脉冲宽度加工时，电子对正极的轰击作用大于正离子对负极的轰击作用，正极的蚀除速度大于负极的蚀除速度，这时工件应采用正极性加工。同理，在宽脉冲宽度加工时，质量和惯性都较大的正离子有足够的时间到达负极表面。由于正离子的质量大，它对负极表面的轰击作用大于电子对正极的轰击作用，同时到达负极的正离子又会牵制电子的运动，故负极的电蚀量大于正极的电蚀量，这时工件应采用负极性加工。

极性效应是一个较为复杂的问题。它不仅与脉冲宽度有很大关系，而且与脉冲间隔、电极对材料、工作液介质、单个脉冲能量等因素有关。

在实际加工中，要充分利用极性效应，正确选择极性，最大限度地提高工件的蚀除量，降低工具电极的损耗。

2. 覆盖效应对电蚀量的影响

在材料放电腐蚀过程中，一个电极的电蚀产物转移到另一个电极表面上，形成一定厚度的覆盖层，这种现象叫作覆盖效应。合理利用覆盖效应，有利于降低电极损耗。

在油类介质中加工时，覆盖层主要是石墨化的碳素层，其次是黏附在电极表面的金属微粒黏结层。碳素层的生成条件主要有以下几点：

(1) 要有足够高的温度。电极上待覆盖部分的表面温度不低于碳素层生成温度，但要低于熔点，以使碳粒子烧结成石墨化的耐蚀层。

(2) 要有足够多的电蚀产物，尤其是介质的热解产物——碳粒子。

(3) 要有足够的时间，以便在这一表面上形成一定厚度的碳素层。

(4) 一般采用负极性加工，因为碳素层易在阳极表面生成。

(5) 必须在油类介质中加工。

影响覆盖效应的主要因素如下：

(1) 脉冲参数与波形的影响。增大脉冲放电能量有助于覆盖层的生长，但对中、精加工有相当大的局限性；减小脉冲间隔有利于在各种电规准下生成覆盖层，但若脉冲间隔过小，则正常的火花放电有转变为破坏性电弧放电的危险。此外，采用某些组合脉冲波加工，有助于覆盖层的生成，其作用类似于减小脉冲间隔，并且可大大减小转变为破坏性电弧放电的危险。

(2) 电极对材料的影响。铜加工钢时覆盖效应较明显，但铜电极加工硬质合金工件则不大容易生成覆盖层。

(3) 工作液的影响。油类工作液在放电产生的高温作用下，生成大量的碳粒子，有助于碳素层的生成。如果用水作工作液，则不会产生碳素层。

(4) 工艺条件的影响。覆盖层的形成还与间隙状态有关，如工作液脏、电极截面面积较大、电极间隙较小、加工状态较稳定等情况均有助于生成覆盖层。但若加工中冲油压力太大，则较难生成覆盖层。这是因为冲油会使趋向电极表面的微粒运动加剧，而微粒无法黏附到电极表面上。

在电火花成形加工中，覆盖层不断形成，又不断被破坏。为了实现电极低损耗，达到提高加工精度的目的，最好使覆盖层形成与破坏的程度达到动态平衡。

3．电参数对电蚀量的影响

电火花成形加工过程中腐蚀金属的量(即电蚀量)与单个脉冲能量、脉冲频率等电参数密切相关。

单个脉冲能量与平均放电电压、平均放电电流和脉冲宽度成正比。在实际加工中，其中击穿后的放电电压与电极材料及工作液种类有关，而且在放电过程中变化很小，所以单个脉冲能量的大小主要取决于平均放电电流和脉冲宽度的大小。

因此，要提高电蚀量，应增加平均放电电流、脉冲宽度及提高脉冲频率。但在实际生产中，这些因素往往是相互制约的，并影响到其他工艺指标，应根据具体情况综合考虑。例如，增加平均放电电流，加工表面粗糙度值也随之增大。

4．金属材料对电蚀量的影响

正、负电极表面电蚀量分配不均除了与电极极性有关外，还与电极的材料有很大关系。当脉冲放电能量相同时，金属材料的熔点、沸点、比热容、熔化热、气化热等愈高，电蚀量将愈少，愈难加工；导热系数愈大的金属，因能把较多的热量传导、散失到其他部位，故降低了本身的蚀除量。因此，电极的蚀除量与电极材料的导热系数及其他热学常数等有密切的关系。

一般来说，工件电极(即被加工材料)往往在设计时就已经确定好，可选择的余地较小。所以，在实际生产中，应根据工件电极的材料合理选择工具电极的材料。

5．工作液对电蚀量的影响

电火花成形加工一般在液体介质中进行。液体介质通常叫作工作液，其作用主要是：

(1) 压缩放电通道，并限制其扩展，使放电能量高度集中在极小的区域内，既加强了蚀除的效果，又提高了放电仿形的精确性。

(2) 加速电极间隙的冷却和消电离过程，有助于防止出现破坏性电弧放电。

(3) 加速电蚀产物的排除。

(4) 加剧放电的流体动力过程，有助于金属的抛出。

由此可见，工作液是参与放电蚀除过程的重要因素，它的种类、成分和性质势必影响加工的工艺指标。

目前，电火花成形加工多采用油类作工作液。机油黏度大、燃点高，用它作工作液有利于压缩放电通道，提高放电的能量密度，强化电蚀产物的抛出效果，但黏度大不利于电蚀产物的排除，影响正常放电；煤油黏度低，流动性好，排屑条件较好，但燃点较低，因此不安全。

在粗加工时，要求速度快，放电能量大，放电间隙大，故常选用黏度大的工作液；在中、精加工时，放电间隙小，往往采用黏度低的工作液。在精密电火花成形加工中，采用黏度较低的专用火花油作为工作液，以获得良好的表面粗糙度和加工精度。

3.3　电火花成形加工工艺规律

电火花成形加工的主要工艺指标有加工速度、电极损耗、表面粗糙度、加工精度和表面变化层的机械性能等。影响工艺指标的因素很多，诸因素的变化都将引起工艺指标的相应变化。

3.3.1　影响加工速度的主要因素

电火花成形加工的加工速度是指在一定电规准下，单位时间 t 内工件被蚀除的体积 V 或质量 m，一般用体积加工速度 $v_w=V/t$(单位为 mm^3/min)来表示，有时为了测量方便，也用质量加工速度 $v_m=m/t$(单位为 g/min)来表示。

在规定的表面粗糙度、规定的相对电极损耗下的最大加工速度是电火花成形机床的重要工艺性能指标。一般电火花成形机床说明书上所指的最高加工速度是该机床在最佳状态下所达到的，在实际生产中的正常加工速度大大低于机床的最大加工速度。

影响加工速度的因素分电参数和非电参数两大类。电参数主要有脉冲宽度、脉冲间隔、峰值电流等；非电参数主要有加工面积、电极材料和加工极性、工件材料、工作液、排屑条件等。

1. 电参数的影响

所谓电规准，是指电火花成形加工时选用的电加工参数，主要有脉冲宽度 $t_i(\mu s)$、脉冲间隔 $t_o(\mu s)$ 和峰值电流 I_p 等。

1) 脉冲宽度的影响

单个脉冲能量的大小是影响加工速度的重要因素。对于矩形波脉冲电源，当峰值电流一定时，脉冲能量与脉冲宽度成正比。脉冲宽度增加，加工速度随之增加，因为随着脉冲宽度的增加，单个脉冲能量增大，使加工速度提高。但若脉冲宽度过大，加工速度反而下降(如图 3-5 所示)。这是因为单个脉冲能量虽然增大，但转换的热能有较大部分散失在电极与工件之中，不起蚀除作用。同时，在其他加工条件相同时，随着脉冲能量过分增大，蚀除产物增多，排气排屑条件恶化，间隙消电离时间不足导致拉弧，加工稳定性变差，因此加工速度反而降低。

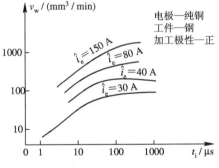

图 3-5　脉冲宽度与加工速度的关系曲线

2) 脉冲间隔的影响

在脉冲宽度一定的条件下，若脉冲间隔减小，则加工速度提高(如图 3-6 所示)。这是因为脉冲间隔减小导致单位时间内工作脉冲数目增多、加工电流增大，故加工速度提高；但若脉冲间隔过小，会因放电间隙来不及消电离引起加工稳定性变差，导致加工速度降低。

在脉冲宽度一定的条件下，为了最大限度地提高加工速度，应在保证稳定加工的同时，尽量缩短脉冲间隔时间。带有脉冲间隔自适应控制的脉冲电源，能够根据放电间隙的状态，在一定范围内调节脉冲间隔的大小，这样既能保证稳定加工，又可以获得较高的加工速度。

3) 峰值电流的影响

当脉冲宽度和脉冲间隔一定时，随着峰值电流的增加，加工速度也提高(如图 3-7 所示)。因为加大峰值电流等于加大单个脉冲能量，所以加工速度也就提高了。但若峰值电流过大

(即单个脉冲放电能量很大)，加工速度反而下降。

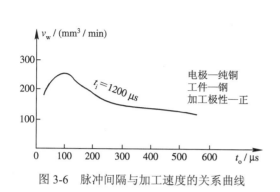

图 3-6　脉冲间隔与加工速度的关系曲线

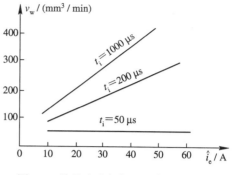

图 3-7　峰值电流与加工速度的关系曲线

此外，峰值电流增大将降低工件表面粗糙度和增加电极损耗。在生产中，应根据不同的要求，选择合适的峰值电流。

2. 非电参数的影响

1) 加工面积的影响

图 3-8 是加工面积与加工速度的关系曲线。由图可知，加工面积较大时，它对加工速度没有多大影响。但加工面积小到某一临界面积时，加工速度会显著降低，这种现象叫作"面积效应"。由于加工面积小，在单位面积上脉冲放电过分集中，致使放电间隙的电蚀产物排除不畅，同时会产生气体排除液体的现象，造成放电加工在气体介质中进行，因而会大大降低加工速度。

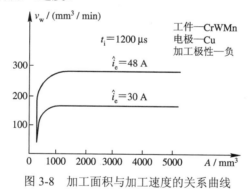

图 3-8　加工面积与加工速度的关系曲线

从图 3-8 中可看出，峰值电流不同，最小临界加工面积也不同。因此，确定一个具体加工对象的电参数时，首先必须根据加工面积确定工作电流，并估算所需的峰值电流。

2) 排屑条件的影响

在电火花成形加工过程中会不断产生气体、金属屑末和炭黑等，如不及时排除，则加工很难稳定地进行。加工稳定性不好，会使脉冲利用率降低，加工速度降低。为便于排屑，一般都采用冲油(或抽油)和抬刀(抬起电极)的办法。

(1) 冲/抽油压力的影响。在加工中对于工件型腔较浅或易于排屑的型腔，可以不采取任何辅助排屑措施。但对于较难排屑的加工，不冲/抽油或冲/抽油压力过小，则因排屑不良产生的二次放电的机会明显增多，从而导致加工速度下降；但若冲/抽油压力过大，加工速度同样会降低。这是因为冲/抽油压力过大,会产生干扰,使加工稳定性变差,故加工速度反而会降低。图 3-9 是冲油压力与加工速度的关系曲线。

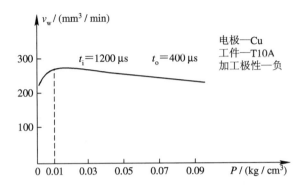

图 3-9　冲油压力与加工速度的关系曲线

冲/抽油的方式与冲/抽油压力大小应根据实际加工情况来定。若型腔较深或加工面积较大,则冲/抽油压力要相应增大。

(2) "抬刀"的影响。为使放电间隙中的电蚀产物迅速排除,除采用冲(抽)油外,还需经常抬刀以利于排屑。在定时"抬刀"状态下,会发生放电间隙状况良好无须"抬刀"而电极却照样抬起的情况,也会出现当放电间隙的电蚀产物积聚较多急需"抬刀"时而"抬刀"时间未到却不"抬刀"的情况。这种多余的"抬刀"运动和未及时"抬刀"都会直接降低加工速度。为克服定时"抬刀"的缺点,目前较先进的电火花成形机床都采用了自适应"抬刀"功能。自适应"抬刀"是根据放电间隙的状态决定是否"抬刀"。若放电间隙状态不好,电蚀产物堆积多,"抬刀"频率就自动加快;若放电间隙状态好,电极就少抬起或不抬。这使电蚀产物的产生与排除基本保持平衡,避免了不必要的电极抬起运动,提高了加工速度。

图 3-10 为"抬刀"方式对加工速度的影响。由图可知,加工同样深度时,采用自适应"抬刀"比定时"抬刀"需要的加工时间短,即加工速度高。同时,采用自适应"抬刀"时,加工工件质量好,不易出现拉弧烧伤。

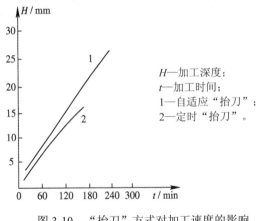

图 3-10　"抬刀"方式对加工速度的影响

3) 电极材料和加工极性的影响

在电参数选定的条件下，采用不同的电极材料与加工极性，加工速度也大不相同。由图 3-11 可知，采用石墨电极，在加工电流相同的情况下，正极性比负极性加工速度高。

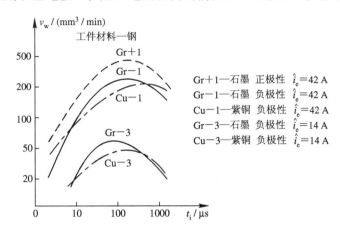

图 3-11　电极材料和加工极性对加工速度的影响

在加工中选择极性，不能只考虑加工速度，还必须考虑电极损耗。例如，用石墨作电极时，正极性加工比负极性加工速度高，但在粗加工中，电极损耗会很大。故在不计电极损耗的通孔、取折断工具等加工中，常采用正极性加工，而在用石墨电极加工型腔的过程中，常采用负极性加工。

从图 3-11 中还可看出，在加工条件和加工极性相同的情况下，采用不同的电极材料，加工速度也不相同。例如，中等脉冲宽度、负极性加工时，石墨电极的加工速度高于铜电极的加工速度。在脉冲宽度较窄或很宽时，铜电极的加工速度高于石墨电极的加工速度。

由上述可知，电极材料对电火花成形加工非常重要，正确选择电极材料是电火花成形加工首要考虑的问题。

4) 工件材料的影响

在加工条件相同的情况下，选用不同的工件材料，加工速度也不同。这主要取决于工件材料的物理性能(熔点、沸点、比热、导热系数、熔化热和气化热等)。

一般来说，工件材料的熔点、沸点越高，比热、熔化热和气化热越大，加工速度越低，即越难加工，如加工硬质合金钢比加工碳素钢的速度要低 40%～60%。对于导热系数很高的工件，虽然熔点、沸点、熔化热和气化热不高，但因热传导性好，热量散失快，加工速度也会降低。

5) 工作液的影响

在电火花成形加工中，工作液的种类、黏度、清洁度对加工速度有影响。在电火花成形加工中，一般使用专用火花油作为工作液，黏度较低，主要是为了保证精加工良好的排屑条件，但对加工速度有影响，黏度越高加工效率越高。

3.3.2　影响电极损耗的主要因素

电极损耗是电火花成形加工中的重要工艺指标。在生产中，衡量某种工具电极是否耐损耗，不只是看工具电极损耗速度 v_E 的绝对值大小，还要看同时达到的加工速度 v_w，即每蚀除单位重量金属材料时，工具相对损耗多少。因此，常用相对损耗或损耗比 θ 作为衡量工具电极耐损耗的指标，即

$$\theta = \frac{v_E}{v_w} \times 100\%$$

式中的加工速度和损耗速度若以 mm^3/min 为单位计算，则为体积相对损耗 θ；若以 g/min 为单位计算，则为重量相对损耗 θ_E；若以工具电极损耗长度与工件加工深度之比来表示，则为长度相对损耗 θ_L。在加工中采用长度相对损耗比较直观，测量较为方便(如图 3-12 所示)，但由于电极部位不同，损耗不同，因此长度相对损耗还分为端面损耗、边损耗和角损耗。在加工中，同一电极的长度相对损耗大小顺序为：角损耗 > 边损耗 > 端面损耗。

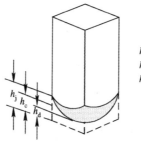

h_j—角部损耗长度；
h_c—侧面损耗长度；
h_d—端面损耗长度。

图 3-12　电极损耗长度说明图

　　在电火花成形加工中，大家习惯将电极的相对损耗简称电极损耗。电极损耗小于 1% 的加工称为低损耗电火花成形加工。低损耗电火花成形加工能最大限度地保持加工精度，所需电极的数目也可减至最小，因而简化了电极的加工，加工工件的表面粗糙度 Ra 可达 $3.2~\mu m$ 以下。除了充分利用电火花成形加工的极性效应、覆盖效应及选择合适的工具电极材料外，还可从改善工作液方面着手，实现电火花的低损耗加工。若采用加入各种添加剂的水基工作液，还可实现对紫铜或铸铁电极小于1%的低损耗电火花成形加工。

1. 电参数对电极损耗的影响

1) 脉冲宽度的影响

　　在峰值电流一定的情况下，随着脉冲宽度的减小，电极损耗增大。脉冲宽度越窄，电极损耗 θ 上升的趋势越明显(如图 3-13 所示)。所以精加工时的电极损耗比粗加工时的电极损耗大。

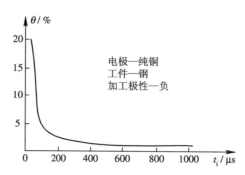

图 3-13　脉冲宽度与电极损耗的关系

脉冲宽度增大，电极损耗降低的原因总结如下：

(1) 脉冲宽度增大，单位时间内脉冲放电次数减少，使放电击穿引起电极损耗的影响减小。同时，负极(工件)承受正离子轰击的机会增多，正离子加速的时间也长，极性效应比较明显。

(2) 脉冲宽度增大，电极上的覆盖效应增强，也减少了电极损耗。在加工中电蚀产物(包括被熔化的金属和工作液受热分解的产物)不断沉积在电极表面，对电极的损耗起补偿作用。但是，如果这种飞溅沉积的量大于电极本身损耗，就会破坏电极的形状和尺寸，影响加工精度；如果飞溅沉积的量恰好等于电极的损耗，两者达到动态平衡，则可得到无损耗加工。由于电极端面、角部、侧面损耗的不均匀性，因此无损耗加工是难以实现的。

2) 峰值电流的影响

对于一定的脉冲宽度，加工时的峰值电流不同，电极损耗也不同。

用紫铜电极加工钢时，随着峰值电流的增加，电极损耗也增加。图 3-14 是峰值电流对电极损耗的影响。由图可知，要降低电极损耗，应减小峰值电流。因此，对一些不适宜用长脉冲宽度粗加工而又要求损耗小的工件，应使用窄脉冲宽度、低峰值电流的方法。

由上述可见，脉冲宽度和峰值电流对电极损耗的影响效果是综合性的。只有脉冲宽度和峰值电流保持一定关系，才能实现低损耗加工。

3) 脉冲间隔的影响

在脉冲宽度不变时，随着脉冲间隔的增加，电极损耗增大(如图 3-15 所示)。因为脉冲间隔加大，引起放电间隙中介质消电离状态的变化，使电极上的覆盖效应减弱。

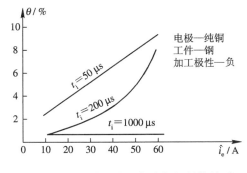

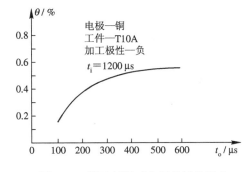

图 3-14　峰值电流与电极损耗的关系　　　　图 3-15　脉冲间隔对电极损耗的影响

随着脉冲间隔的减小，电极损耗也随之减小，但超过一定限度，放电间隙将来不及消电离而造成拉弧烧伤，反而影响正常加工的进行。尤其是粗规准、大电流加工时，更应注意。

4) 加工极性的影响

在其他加工条件相同的情况下，加工极性不同对电极损耗影响很大(如图 3-16 所示)。当脉冲宽度 t_i 小于某一数值时，正极性加工电极损耗小于负极性加工电极损耗；反之，当脉冲宽度 t_i 大于某一数值时，负极性加工电极损耗小于正极性加工电极损耗。一般情况下，采用石墨电极和铜电极加工钢时，粗加工用负极性，精加工用正极性。但在钢电极加工钢时，无论粗加工或精加工都要用负极性，否则电极损耗将大大增加。

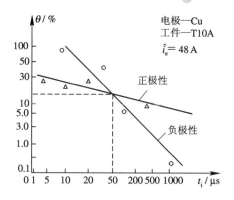

图 3-16　加工极性对电极损耗的影响

2. 非电参数对电极损耗的影响

1) 加工面积的影响

在脉冲宽度和峰值电流一定的条件下，加工面积对电极损耗影响不大，是非线性的(如图 3-17 所示)。当电极相对损耗小于 1%，并随着加工面积的继续增大，电极损耗减小的趋势越来越慢。当加工面积过小时，随着加工面积的减小，电极损耗将急剧增加。

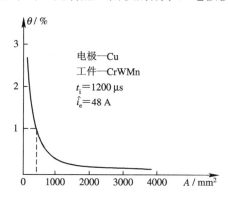

图 3-17　加工面积对电极损耗的影响

2) 冲/抽油的影响

由前面所述，对形状复杂、深度较大的型孔或型腔进行加工时，若采用适当的冲/抽油的方式进行排屑，则有助于提高加工速度。但另一方面，冲/抽油压力过大反而会加大电极损耗，如图 3-18 所示。因为强迫冲油或抽油会使加工间隙的排屑和消电离速度加快，这样减弱了电极上的覆盖效应。当然，不同的工具电极材料对冲/抽油的敏感性不同。如用石墨电极加工时，电极损耗受冲油压力的影响较小，而紫铜电极损耗受冲油压力的影响较大。

由上述可知，在电火花成形加工中，应谨慎使用冲/抽油。加工本身较易进行且稳定的电火花成形加工，不宜采用冲/抽油；必须采用冲/抽油的电火花成形加工，也应注意将冲/抽油压力维持在较小的范围内。

冲/抽油方式对电极损耗无明显影响，但电极端面损耗的均匀性有较大区别。冲油时电极损耗呈凹形端面，抽油时则形成凸形端面(如图 3-19 所示)。这主要是冲油进口处所含各种杂质较少，温度比较低，流速较快，使进口处覆盖效应减弱的缘故。

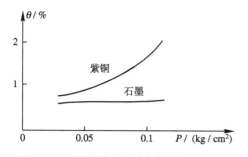

图 3-18 冲/抽油压力对电极损耗的影响

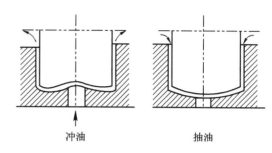

图 3-19 冲/抽油方式对电极端部损耗的影响

实践证明，当油孔的位置与电极的形状对称时交替使用冲油和抽油的方式，可使冲油或抽油所造成的电极端面形状的缺陷互相抵消，得到较平整的端面。另外，采用脉动冲油(冲油不连续)或抽油比连续地冲油或抽油的效果好。

3) 电极的形状和尺寸的影响

在电极材料、电参数和其他工艺条件完全相同的情况下，电极的形状和尺寸对电极损耗影响也很大(如电极的尖角、棱边、薄片等)。如图 3-20(a)所示的型腔，用整体电极加工较困难。在实际中首先加工主型腔[如图 3-20(b)所示]，再用小电极加工副型腔[如图 3-20(c)所示]。

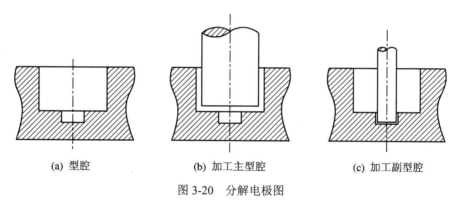

(a) 型腔   (b) 加工主型腔   (c) 加工副型腔

图 3-20 分解电极图

4) 工具电极材料的影响

工具电极损耗与其材料有关，损耗的大致顺序为：银钨合金＜铜钨合金＜石墨(粗规准)＜紫铜＜钢＜铸铁＜黄铜＜铝。

影响电极损耗的因素较多，现总结为表 3-1。

表 3-1 影响电极损耗的因素

因素	说　明	减小损耗的条件
脉冲宽度	脉宽愈大，损耗愈小，至一定数值后，损耗可降低至小于 1%	脉宽足够大
峰值电流	峰值电流增大，电极损耗增加	减小峰值电流
加工面积	影响不大	大于最小加工面积
极性	影响很大。应根据不同电源、不同电规准、不同工作液、不同电极材料和不同工件材料，选择合适的极性	一般脉宽大时用正极性，小时用负极性，钢电极用负极性

续表

因素	说　　明	减小损耗的条件
电极材料	常用电极材料中黄铜的损耗最大,紫铜、铸铁、钢次之,石墨和铜钨、银钨合金较小。紫铜在一定的电规准和工艺条件下,也可以得到低损耗加工	石墨作粗加工电极,紫铜作精加工电极
工件材料	加工硬质合金比加工钢的电极损耗大	用高压脉冲加工或用水作工作液,在一定条件下可降低电极损耗
工作液	常用的煤油、机油获得低损耗加工需具备一定的工艺条件;水和水溶液比煤油容易实现低损耗加工(在一定条件下),如硬质合金工件的低损耗加工,黄铜和钢电极的低损耗加工	
排屑条件和二次放电	在损耗较小的规准下加工时,排屑条件愈好则损耗愈大,如紫铜;有些电极材料则对此不敏感,如石墨。在损耗较大的规准下加工时,二次放电会使损耗增加	在条件允许的情况下,最好不采用强迫冲/抽油

3.3.3　影响表面粗糙度的主要因素

表面粗糙度是指加工表面上的微观几何形状误差。电火花成形加工表面粗糙度的形成与切削加工不同,它是由若干电蚀小凹坑组成的,能存润滑油,其耐磨性比同样粗糙度的机加工表面要好。在相同表面粗糙度的情况下,电加工表面比机加工表面亮度低。

工件的电火花成形加工表面粗糙度直接影响其使用性能,如耐磨性、配合性、接触刚度、疲劳强度和抗腐蚀性等。尤其对于高速、高压条件下工作的模具和零件,其表面粗糙度往往决定其使用性能和使用寿命。

电火花成形加工工件表面的凹坑大小与单个脉冲放电能量有关,单个脉冲能量越大,则凹坑越大。若把粗糙度值大小简单地看成与电蚀凹坑的深度成正比,则电火花成形加工表面粗糙度值随单个脉冲能量的增加而增大。

当峰值电流一定时,脉冲宽度越大,单个脉冲的能量就越大,放电腐蚀的凹坑也越大、越深,所以表面粗糙度就越差。

在脉冲宽度一定的条件下,随着峰值电流的增加,单个脉冲能量也增加,表面粗糙度就变差。

在一定的脉冲能量下,不同的工件电极材料表面粗糙度值大小不同,熔点高的材料表面粗糙度值要比熔点低的材料小。

工具电极表面的粗糙度值大小也影响工件的加工表面粗糙度值。例如,石墨电极表面比较粗糙,因此它加工出的工件表面粗糙度值也大。

由于电极的相对运动,型腔侧面的表面粗糙度值比底面小。

干净的工作液有利于得到理想的表面粗糙度。因为工作液中含蚀除产物等杂质越多,越容易发生积碳等不利状况,从而影响表面粗糙度。

3.3.4　影响加工精度的主要因素

电火花成形加工精度包括尺寸精度和仿形精度(或形状精度)。影响精度的因素很多，这里重点探讨与电火花成形加工工艺有关的因素。

1. 放电间隙

电火花成形加工中，工具电极与工件间存在着放电间隙，因此工件的尺寸、形状与工具并不一致。如果加工过程中放电间隙是常数，则根据工件加工表面的尺寸、形状可以预先对工具尺寸、形状进行修正。但放电间隙是随电参数、电极材料、工作液的绝缘性能等因素变化而变化的，从而影响了加工精度。

放电间隙大小对加工工件的形状精度也有影响。放电间隙越大，则复制精度越差，特别是对复杂形状的加工表面。如电极为尖角时，由于放电间隙等距离，电极尖角对应的工件部位则为圆角。在电火花成形加工中，为了提高加工精度，应尽量采用较弱的加工规准，缩小放电间隙。

2. 加工斜度

电火花成形加工时，产生斜度的情况如图 3-21 所示。由于工具电极下面部分加工时间长，损耗大，因此电极变小，而入口处由于电蚀产物的存在，易发生因电蚀产物的介入而再次进行的非正常放电(即"二次放电")，因而产生加工斜度。

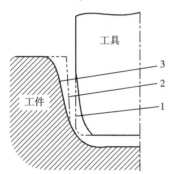

1—电极无损耗时的工具轮廓线；
2—电极有损耗而不考虑二次放电时的工件轮廓线；
3—实际工件轮廓线。

图 3-21　电火花成形加工时产生的斜度

3. 工具电极的损耗

在电火花成形加工中，随着加工深度的不断增加，工具电极进入放电区域的时间是从底部端面向上逐渐减少的。实际上，工件侧壁主要是靠工具电极底部端面的周边加工出来的。因此，电极的损耗也必然从底部端面向上逐渐减小，从而形成了损耗锥度(如图 3-22 所示)，工具电极的损耗锥度反映到工件上是加工斜度。

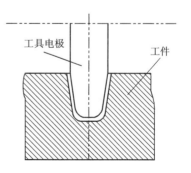

图 3-22　工具斜度图形

3.3.5　电火花成形加工表面变化层和机械性能

1. 表面变化层

在电火花成形加工过程中,工件在放电瞬时的高温和工作液迅速冷却的作用下,表面层发生了很大变化。这种表面变化层的厚度大约为0.01~0.5 mm,一般将其分为熔化层和热影响层,如图3-23所示。

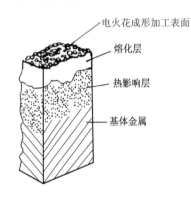

图 3-23　电火花成形加工表面变化层

1) 熔化层

熔化层位于电火花成形加工后工件表面的最上层,它被电火花脉冲放电产生的瞬时高温所熔化,又受到周围工作液介质的快速冷却作用而凝固。对于碳钢来说,熔化层在金相照片上呈现白色,故又称为白层。白层与基体金属完全不同,是一种树枝状的淬火铸造组织,与内层的结合不很牢固。熔化层中有渗碳、渗金属、气孔及其他夹杂物。熔化层厚度随脉冲能量增大而变厚,一般为0.01~0.1 mm。

2) 热影响层

热影响层位于熔化层和基体之间,热影响层的金属被熔化,只是受热的影响而没有发生金相组织变化,它与基体没有明显的界线。由于加工材料及加工前热处理状态及加工脉冲参数的不同,热影响层的变化也不同。对淬火钢将产生二次淬火区、高温回火区和低温回火区;对未淬火钢而言主要是产生淬火区。

3) 显微裂纹

在电火花成形加工中,加工表面层受高温作用后又迅速冷却而产生残余拉应力。在脉冲能量较大时,表面层甚至出现细微裂纹,裂纹主要产生在熔化层,只有脉冲能量很大时才扩展到热影响层。不同材料对裂纹的敏感性也不同,硬脆材料容易产生裂纹。由于淬火钢表面残余拉应力比未淬火钢大,故淬火钢的热处理质量不高时,更容易产生裂纹。脉冲能量对显微裂纹的影响是非常明显的。脉冲能量愈大,显微裂纹愈宽愈深;脉冲能量很小时,一般不会出现显微裂纹。

2. 表面变化层的机械性能

1) 显微硬度及耐磨性

工件在加工前由于热处理状态及加工中脉冲参数不同,加工后的表面层显微硬度变化也不同。加工后表面层的显微硬度一般比较高，但由于加工电参数、冷却条件及工件材料热处理状况不同，有时显微硬度会降低。一般来说，电火花成形加工表面外层的硬度比较高，耐磨性好。但对于滚动摩擦，由于是交变载荷，尤其是干摩擦，因熔化层和基体结合不牢固，容易剥落而磨损，因此，有些要求较高的模具需把电火花成形加工后的表面变化层预先研磨掉。

2) 残余应力

电火花成形加工的工件表面存在着由于瞬时先热后冷作用而形成的残余应力，而且大部分表现为拉应力。残余应力的大小和分布主要与材料在加工前热处理的状态及加工时的脉冲能量有关。因此，对表面层质量要求较高的工件，应尽量避免使用较大的加工规准，同时在加工中一定要注意工件热处理的质量，以减小工件表面的残余应力。

3) 疲劳性能

电火花成形加工后，工件表面变化层金相组织的变化，会使耐疲劳性能比机械加工表面低许多。采用回火处理、喷丸处理甚至去掉表面变化层，将有助于降低残余应力或使残余拉应力转变为压应力，从而提高其耐疲劳性能。

3.3.6　电火花成形加工的稳定性

在电火花成形加工中，加工的稳定性是一个很重要的概念。加工的稳定性不仅关系到加工的速度，而且关系到加工的质量。

1. 电规准与加工稳定性

一般来说，单个脉冲能量较大的规准，容易达到稳定加工。但是，当加工面积很小时，不能用很强的规准加工。另外，加工硬质合金不能用太强的规准加工。

脉冲间隔太小常易引起加工不稳定。在微细加工、排屑条件很差、电极与工件材料不太合适时，可增加间隔来改善加工的不稳定性，但这样会引起加工效率下降。

t_i/I_p 很大的规准比 t_i/I_p 较小的规准加工稳定性差。当 t_i/I_p 大到一定数值后，加工很难进行。

对每种电极材料对，必须有合适的加工波形和适当的击穿电压，才能实现稳定加工。

当平均加工电流超过最大允许加工电流密度时，将出现不稳定现象。

2. 电极进给速度

电极的进给速度与工件的蚀除速度应相适应，这样才能使加工稳定进行。进给速度大于蚀除速度时，加工不易稳定。

3. 蚀除物的排除情况

良好的排屑是保证加工稳定的重要条件。单个脉冲能量大则放电爆炸力强，电火花间隙大，蚀除物容易从加工区域排除，加工就稳定。在用弱规准加工工件时必须采取各种方法保证排屑良好，实现稳定加工。

冲油压力不合适也会造成加工不稳定。

4．电极材料及工件材料

对于钢工件，各种电极材料的加工稳定性好坏次序为：紫铜(铜钨合金、银钨合金) > 铜合金(包括黄铜) > 石墨 > 铸铁 > 不相同的钢 > 相同的钢。

淬火钢比不淬火钢工件加工时稳定性好。硬质合金、铸铁、铁合金、磁钢等工件的加工稳定性差。

5．极性

不合适的极性可能导致加工极不稳定。

6．加工形状

形状复杂(具有内外尖角、窄缝、深孔等)的工件加工不易稳定，其他如电极或工件松动、烧弧痕迹未清除、工件或电极带磁性等均会引起加工不稳定。

另外，随着加工深度的增加，加工会变得不稳定。工作液中混入易燃微粒也会使加工难以进行。

3.3.7　合理选择电火花成形加工工艺

前面详细阐述了电火花成形加工的工艺规律，不难看出，加工速度、电极损耗、表面粗糙度、加工精度往往相互矛盾。表 3-2 简单列举了一些参数对电火花成形加工工艺的影响。

表 3-2　常用参数对电火花成形加工工艺的影响

常见参数	加工速度	电极损耗	表面粗糙度值	备　注
峰值电流↑	↑	↑	↑	加工间隙↑，型腔加工锥度↑
脉冲宽度↑	↑	↓	↑	加工间隙↑，加工稳定性↑
脉冲间隔↑	↓	↑	○	加工稳定性↑
介质清洁度↑	中、粗加工↓ 精加工↑	○	○	稳定性↑

注：○表示影响较小，↓表示降低或减小，↑表示增大。

在电火花成形加工中，如何合理地制订电火花成形加工工艺呢？如何用最快的速度加工出最佳质量的产品呢？一般来说，主要采用两种方法来处理：第一，先主后次，如在用电火花成形加工去除断在工件中的钻头、丝锥时，应优先保证速度，因为此时工件的表面粗糙度、电极损耗不重要；第二，采用各种手段，兼顾各方面。其中常见的方法有：

(1) 粗、中、精逐档过渡式加工方法。粗加工用以蚀除大部分加工余量，使型腔按预留量接近尺寸要求；中加工用以提高工件表面粗糙度等级，并使型腔基本达到要求，一般加工量不大；精加工主要保证最后加工出的工件达到要求的尺寸与粗糙度。在加工时，首先通过粗加工，高速去除大量金属材料，这是通过大功率、低损耗的粗加工规准解决的；其次，通过中、精加工保证加工的精度和表面质量。中、精加工虽然工具电极相对损耗大，但在一般情况下，中、精加工余量仅占全部加工量的极小部分，故工具电极的绝对损耗极小。

在粗、中、精加工中，注意转换加工规准。

(2) 先用机械加工去除大量的材料，再用电火花成形加工保证加工精度和加工质量。电火花成形加工的材料去除率还不能与机械加工相比。因此，在电火花成形加工中，有必要先用机械加工方法去除大部分加工量，使各部分余量均匀，从而大幅度提高电火花成形加工的加工效率。

(3) 采用多电极。在加工中及时更换电极，当电极绝对损耗量达到一定程度时，应及时更换电极，以保证良好的加工质量。

习　题

一、判断题

(　　) 1. 在电火花成形加工中，粗加工一般采用较小的脉冲宽度。

(　　) 2. 电火花成形加工中的覆盖效应，有利于减小电极的损耗。

(　　) 3. 在石墨电极加工精密模具型腔的电火花成形加工中，粗加工电极接脉冲电源的正极。

(　　) 4. 电极损耗小于 1% 的加工称为低损耗电火花成形加工。

(　　) 5. 在脉冲宽度一定的条件下，若脉冲间隔减小，则加工速度提高。

(　　) 6. 在电火花成形加工中，冲油压力越大越好。

(　　) 7. 电火花成形加工时，若峰值电流过大，可能会出现加工速度反而下降的情况。

(　　) 8. 在电火花成形加工中，电极接脉冲电源正极的加工，称为正极性加工。

(　　) 9. 在电火花成形加工中，工作液的黏度越低，加工速度越快。

(　　) 10. 电火花成形加工的表面不存在显微裂纹。

二、单项选择题

1. 电流较大，但间隙两端的电压很小，没有蚀除加工作用的放电状态是(　　)。

A. 过渡电弧放电　　　B. 短路　　　　　　C. 火花放电　　　　　　D. 电弧放电

2. 电火花成形加工一个较深的盲孔时，加工完成后盲孔的口部尺寸通常比底部尺寸(　　)。

A. 相等　　　　　　　B. 大　　　　　　　C. 小　　　　　　　　D. 不确定

3. 下列电极材料中，(　　)最适宜作为精加工电极。

A. 黄铜　　　　　　　B. 铸铁　　　　　　C. 石墨　　　　　　　D. 电解铜

4. 在正常加工情况下，下列参数对电火花成形加工速度影响最小的是(　　)。

A. 脉冲间隔　　　　　B. 峰值电流　　　　C. "抬刀"方式　　　　D. 加工面积

5. 电火花成形加工条件中，ON 通常表示(　　)。

A. 脉冲宽度　　　　　B. 脉冲间隔　　　　C. 峰值电流　　　　　D. 占空比

6. 影响电火花成形加工极性效应最主要的因素是(　　)。

A. 脉冲宽度　　　　　B. 脉冲间隔　　　　C. 峰值电流　　　　　D. 电极材料

三、问答题

1．什么是极性效应？在电火花成形加工中如何充分利用极性效应？

2．什么是覆盖效应？举例说明覆盖效应的用途。

3．在实际加工中如何处理加工速度、电极损耗、表面粗糙度之间的矛盾关系？

第 4 章　电火花成形加工工艺及实例

前面讲过，电火花成形加工是利用火花放电腐蚀金属的原理，用工具电极对工件进行复制加工的工艺方法。

电火花成形加工一般按图 4-1 所示的步骤进行。

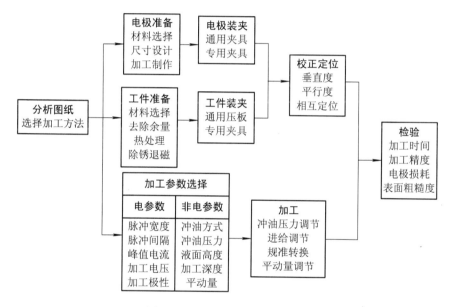

图 4-1　电火花成形加工的步骤

由图 4-1 可以看出，电火花成形加工主要由加工准备、加工和检验三部分组成。电火花成形加工的准备工作有电极准备、电极装夹、工件准备、工件装夹、电极和工件的校正与定位等。

4.1　电火花成形加工方法

电火花成形加工方法有很多种，目前企业广泛应用的加工方法主要有数控平动成形加工、单电极直接成形加工、多电极更换成形加工、分解电极成形加工、数控多轴联动成形加工等。选择加工方法时要根据工件成形的技术要求、复杂程度、工艺特点、机床类型及脉冲电源的技术规格、性能特点而定。下面介绍常见的电火花成形加工方法。

1. 数控平动成形加工

数控电火花成形机床具有 X、Y、Z 等多轴数控系统，电极和工件之间的运动可多种多样。利用工作台或滑枕/滑板按一定轨迹在加工过程中做微量运动，通常将这种加工称作平动加工。

一个完整的平动加工过程如图 4-2 所示，具体如下：

(1) 无平动阶段[如图 4-2(a)所示]：电火花成形加工的第一步，就是通过大能量的放电来尽可能多地去除材料，以提高加工效率。该阶段主要将垂直方向的材料去除，加工后表面粗糙，需要预留安全余量。

(2) 中间平动阶段[如图 4-2(b)所示]：该阶段包括多个步骤的设置(有 2～20 个步骤)，逐步降低放电能量，电极做垂直与水平方向的放电加工，以接近最终尺寸，修光表面。

(3) 最终平动阶段[如图 4-2(c)所示]：通过最终的平动使工件的表面粗糙度与尺寸符合要求。

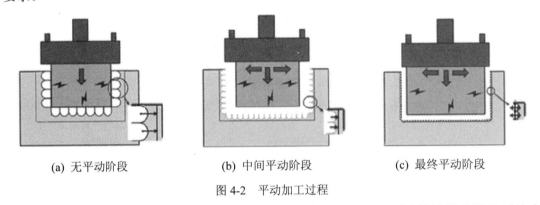

(a) 无平动阶段　　　　　(b) 中间平动阶段　　　　　(c) 最终平动阶段

图 4-2　平动加工过程

数控平动成形加工可以和其他加工方法一起综合应用。由于平动轨迹是靠数控系统来控制的，所以具有灵活多样的模式，能适应复杂形状加工的需要。

数控平动加工有以下作用：

(1) 可逐步修光侧面和底面。如图 4-3 所示，由于在所有方向上发生均匀的放电，因此可以得到均匀一致的加工表面。

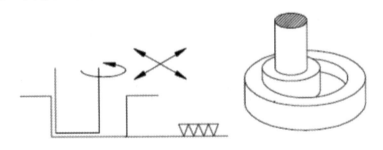

图 4-3　平动加工修光侧面和底面

(2) 可以精确控制尺寸精度。通过改变平动量，可以较容易地得到指定的尺寸，从而提高加工精度。

(3) 可加工出清棱、清角的侧面和底面，如图 4-4 所示。

(4) 变全面加工为局部加工，改善加工条件，有利于排屑和稳定加工，可以提高加工速度。

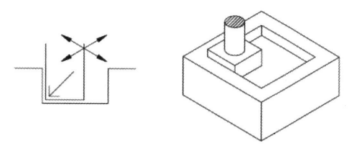

图 4-4　平动加工清棱、清角

(5) 由于尖角部位的损耗小，电极的数量可以减少，如图 4-5 所示。

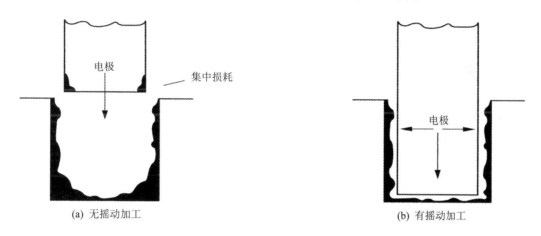

(a) 无摇动加工

(b) 有摇动加工

图 4-5　平动加工减小电极损耗

(6) 可以加工型腔侧壁上的凹槽，如图 4-6 所示。

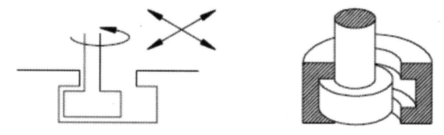

图 4-6　加工型腔侧壁上的凹槽

2. 单电极直接成形加工

单电极直接成形加工是指数控电火花成形加工中只用一个电极来加工出所需的型腔部位。这种工艺方法操作简单，整个加工过程只需要一只电极，不需要进行重复的装夹操作，操作效率高，同时节省了电极制造成本。单电极直接成形加工主要适用于下列几种情况：

(1) 用于没有精度要求的加工场合，如加工折断于工件中的钻头、丝锥等。

(2) 用于加工形状简单、精度要求不高的型腔及经过预加工的型腔。例如，大型模具或一些精度要求不高的模具，大多数成形部位没有精度要求，电火花成形加工后电极损耗的残留部位完全可以通过钳工的修整来达到加工要求。

(3) 用于加工深度很浅或加工余量很小的型腔。由于加工量不大，所以电极的相对损耗很小，用一只电极进行加工就能满足加工精度要求，如一些花纹模、模具表面图案的加工。另外，目前高速铣削能完成模具零件大多数部位的加工，但因为刀具及加工形状的原因，有些部位不能加工到位，要求留下很小的加工余量给电火花成形加工来完成，这样的"清角加工"非常适合选择单电极直接成形加工。

(4) 采用一只电极，用数控电火花成形机床进行平动加工。首先采用低损耗、高效率的粗规准进行加工，然后利用平动加工按照粗、中、精的顺序逐级改变电规准、加大电极的平动量，以补偿前后两个加工规准之间型腔侧面放电间隙差和表面微观不平度差，实现型腔侧面仿形修光，完成整个型腔模的加工。这种方法的仿形精度不高。

(5) 如果加工部位为贯通形状，则可以加大电极的进给深度，用一只电极通过贯通延伸加工就可弥补因电极底面损耗留下的加工缺陷，如图 4-7 所示。加工有斜度的型腔，电极在作垂直进给时，对倾斜的型腔表面有一定的修整、修光作用，通过多次加工规准的转换，不用平动加工就可以用一只电极修光侧壁，达到加工要求，如图 4-8 所示。

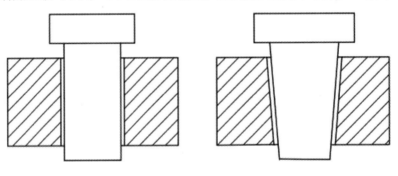

图 4-7　贯通加工　　　　　　　图 4-8　斜度加工

3. 多电极更换成形加工

在实际生产中，通常使用一个粗加工电极和一个精加工电极(甚至更多)。使用多个电极进行模具加工的目的在于达到较高的表面质量及尺寸精度要求，如图 4-9 所示。

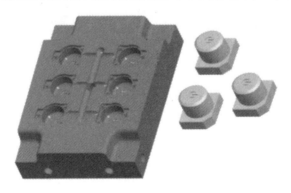

图 4-9　多电极更换成形加工

1) 采用平动加工

大多数情况下，多电极更换成形加工需要配合平动工艺。采用平动工艺，可以改善加工中放电的稳定性，尤其是在精电极加工中，由于加工的电蚀能力很弱，如果不采用平动工艺，则很容易引发放电不稳定的情况。因此，可以将精加工电极的缩放尺寸适当做大些，采用平动工艺进行加工，但在仿形精度要求较高的加工中，尺寸缩放量不能取得过大。一般粗加工电极的尺寸单边缩放量取 0.2～0.3 mm，精加工电极的尺寸单边缩放量取 0.06～0.12 mm。

(1) 粗加工电极阶段。如图 4-10 所示，粗加工电极使用一个大能量的放电条件垂直加工。第一个放电条件加工到设定位置后，实际上凹陷处与虚线绘制的最终尺寸存在较大差异。为了提高表面质量和更接近型腔的最终尺寸，这个粗加工电极也需要做平动加工。在粗加工电极执行平动加工后(通常会有几个中间设置)，可以看到表面质量得到进一步提高，并且与最终尺寸之间的差异也越来越小。

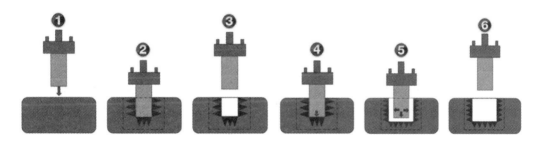

图 4-10 粗加工电极阶段

(2) 精加工电极阶段。如图 4-11 所示，更换精加工电极后，电极能快速地进入型腔，很快地进入精加工平动阶段，经过多段精修后，最终达到所要求的表面质量和精确的几何尺寸。

图 4-11 精加工电极阶段

2) 不采用平动加工

在不采用平动工艺的加工中，精加工电极的尺寸缩放量一般取得比较小，可以提高加工的复制精度。但因为是小间隙加工，故这种工艺只能用在细小或较浅的加工部位。

多电极更换成形加工要求多个电极的一致性要好、制造精度要高，并且更换电极的重复装夹、定位精度要高。目前，采用高速铣削加工电极可以保证电极的高精度要求，使用基准球测量的定位方法可以保证很高的定位精度，快速装夹定位系统可以保证极高的重复定位精度，因此，多电极更换成形加工能达到很高的加工精度，非常适用于精密零件的电火花成形加工，这种工艺方法在实际加工中被广泛采用。

4. 分解电极成形加工

分解电极成形加工是根据型腔的几何形状,把电极分解成主型腔电极和副型腔电极分别制造,分别使用。主型腔电极一般完成去除量大、形状简单的主型腔加工,如图 4-12(a)所示;副型腔电极一般完成去除量小、形状复杂(如尖角、窄槽、花纹等)的副型腔加工,如图 4-12(b)所示。

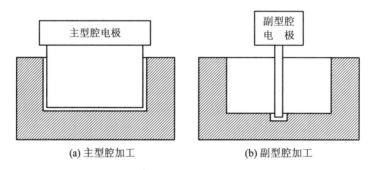

(a) 主型腔加工   (b) 副型腔加工

图 4-12   分解电极成形加工示意图

分解电极成形加工是单电极直接成形加工和多电极更换成形加工的综合应用。它的工艺灵活性强,仿形精度高,适用于尖角、窄缝、沉孔、深槽多的复杂型腔模具加工。图 4-13所示是分解电极成形加工的综合应用。

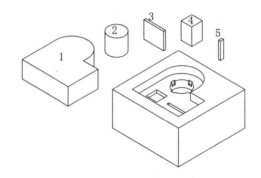

1—大的加工区;2—大的体积差异;3—困难加工区;
4—不同的表面粗糙度;5—不同的加工方向。

图 4-13   分解电极成形加工的综合应用

分解电极成形加工的优点是可以根据主、副型腔不同的加工条件,选择不同的加工规准,有利于提高加工速度和提高加工表面质量,能分别满足型腔各部分的要求,保证模具的加工质量,同时还可以降低电极制造的复杂程度,便于修整电极。其重点是必须保证更换电极时主型腔和副型腔电极之间要求的位置精度。

5. 数控多轴联动成形加工

数控电火花多轴联动工艺是指机床的 X、Y、Z、C 等轴中的几个轴(至少有三个轴)能同时联动,电极和工件之间的相对运动就可以复杂多样。下面可以从两方面来认识数控电火花多轴联动工艺。

一方面，多轴联动成形加工可以实现以简单电极加工出复杂零件，类似于多轴联动的数控铣削。另一方面，多轴联动成形加工是与单轴加工(垂直加工、横向加工)不同的一种加工方式，其加工运动轨迹是多个轴联动，可以是斜线轨迹或曲线轨迹，从而达到复制成形电极特征的工艺方法。图 4-14 所示为数控电火花成形机床多轴联动加工斜齿轮型腔的应用。斜齿轮型腔加工中，Z 轴与 C 轴联动，随着 Z 轴的伺服加工，C 轴跟着偏摆一个角度伺服加工，从而将斜齿电极的特征复制到型腔。另外，使用 C 轴加工螺纹、斜向加工、圆弧插补加工等都属于多轴联动成形加工。

图 4-14　多轴联动斜齿轮型腔加工

4.2　电火花成形加工准备工作

4.2.1　电极准备

1. 电极材料选择

从理论上讲，任何导电材料都可以作电极。但由第 3 章所述可知，不同的材料作电极对电火花成形加工的加工速度、加工质量、电极损耗、加工稳定性都有着重要的影响。因此，在实际加工中，应综合考虑各个方面的因素，选择最合适的材料作电极。

目前常用的电极材料有紫铜(纯铜)、石墨、铜钨合金、黄铜、钢、铸铁、银钨合金等，其性能如表 4-1 所示。

表 4-1　电火花成形加工常用电极材料的性能

电极材料	电加工性能		机加工性能	说　明
	稳定性	电极损耗		
紫铜	好	小	好	应用广泛，尤其是精加工
石墨	尚好	小	尚好	适合粗加工、大电极，高效率生产

续表

电极材料	电加工性能		机加工性能	说　明
	稳定性	电极损耗		
铜钨合金	好	小	较差	价格贵，适合硬质合金、微细零件加工
黄铜	好	大	尚好	电极损耗太大
钢	较差	大	好	过去用于穿孔加工
铸铁	一般	大	好	过去加工冷冲模常用的电极材料
银钨合金	好	小	尚好	价格贵，用于要求极低损耗的加工，一般少用

1) 紫铜(纯铜)电极的特点

(1) 加工过程中稳定性好，加工效率较高。

(2) 精加工时比石墨电极损耗小。

(3) 易于加工精密、微细的部位，能达到优于 0.1 μm 的表面粗糙度。

(4) 因其韧性大，故机械加工性能差，磨削加工困难，容易产生毛刺。

(5) 适用于作电火花成形加工的精加工电极。

2) 石墨电极的特点

(1) 机加工成形容易，效率高，无毛刺，容易修正。但是，由于铣削石墨时会产生粉尘，因此采用石墨做电极时，需要使用专门的石墨机加工。

(2) 放电加工稳定性能较好，加工效率高，在大电流加工时电极损耗小，特别适合作粗加工电极。

(3) 石墨密度小，特别适合于大电极。

(4) 石墨热膨胀系数小，适合深槽、窄缝类粗加工，电极在粗加工过程中不容易发生热变形。

(5) 石墨难以满足精细表面的加工要求，适用于表面粗糙度 $Ra>1.0$ μm 的情况；另外，石墨在精细表面加工中的电极损耗较大。

(6) 机械强度差，尖角处易崩裂。

3) 铜钨合金电极的特点

(1) 常用的铜钨合金电极材料含钨成分为 75%，含铜成分为 25%。钨熔点高，能有效减小放电加工时的损耗，实现比铜电极更低的电极损耗。

(2) 强度和硬度高，制作微细电极比紫铜材料更容易保证边角的形状。

(3) 铜钨合金电极材料价格昂贵。

4) 黄铜电极的特点

(1) 加工稳定性较好，生产效率较高。

(2) 机械加工性能尚好，可用仿形刨加工，也可用成形磨削加工，但其磨削性能不如钢和铸铁。

(3) 电极损耗极大。

5) 钢电极的特点

(1) 来源丰富，价格便宜，具有良好的机械加工性能。

(2) 加工稳定性较差，电极损耗大，加工效率也较低。

(3) 过去用于穿孔加工，现在一般不采用。

6) 铸铁电极的特点

(1) 来源充足，价格低廉，机械加工性能好，便于磨削。

(2) 电极损耗和加工稳定性较差，容易拉弧，加工效率也不及铜电极。

(3) 过去用于穿孔加工，现在一般不采用。

2. 电极设计

电极设计是电火花成形加工的关键点之一。在设计中，首先，要详细分析产品图纸，确定加工的位置；其次，要根据现有设备、材料、拟采用的加工工艺等具体情况确定电极的结构形式；最后，要根据不同的电极损耗、放电间隙等工艺要求对照型腔尺寸进行缩放，同时要考虑电极各部位投入放电加工的先后顺序不同，电极上各点的总加工时间和损耗不同，同一电极上尖角、边和面上的损耗值不同等因素来适当补偿电极。例如，图 4-15 是经过损耗预测后对电极尺寸和形状进行补偿修正的示意图。

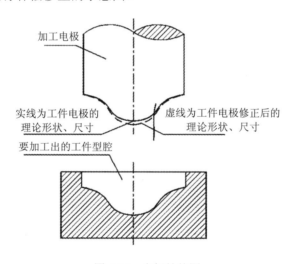

图 4-15　电极补偿图

1) 电极的结构形式

电极的结构通常由加工部位、延伸部位、直身部位、校正部位、装夹部位等组成，如图 4-16 所示。

加工部位是加工零件上待加工区域位置的反向形状，即产品形状。电极通常用来加工塑料模具的成型部分，因此习惯上将电极加工的产品部位称为胶位。

延伸部位又称延伸位，是沿着胶位形状的斜度或曲率延伸所得到的部位。在电极结构设计中，电极产品部位是斜面或者曲面时，通常需要设计延伸位。延伸位的高度值通常为 0.2～5 mm，如图 4-17 所示。

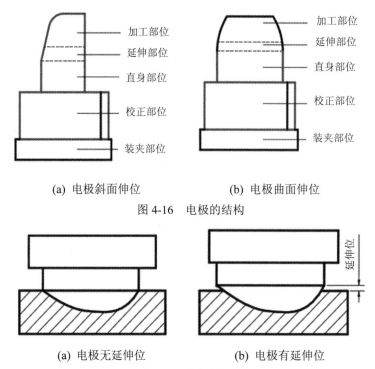

(a) 电极斜面伸位　　　　　(b) 电极曲面伸位

图 4-16　电极的结构

(a) 电极无延伸位　　　　　(b) 电极有延伸位

图 4-17　电极的结构

　　直身部位是基准台与胶位之间的安全高度,也称为冲水位。因为其形状多为垂直剖面图形,故多称之为直身位。电极直身位一方面有避空作用,另一方面便于电火花成形加工部位工作液的快速流动,如果工作液流动不畅,不能及时冲走电蚀产物,则可能产生二次放电从而损伤电极,以及积碳造成工件损坏。在电极设计中,需要根据基准台的大小来设计直身位的高度,防止基准台碰撞到工件,如图 4-18 所示。

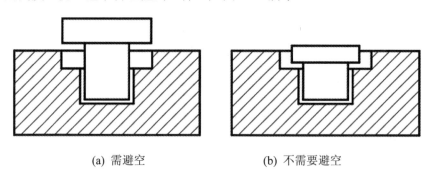

(a) 需避空　　　　　　　(b) 不需要避空

图 4-18　电极的结构

　　校正部位即基准台,是电极校正的部位,其作用主要是调整电极水平度与垂直度,同时定位电极相对于工件的位置。基准台底面校表位尺寸的大小通常为 5~8 mm 的位置,以便百(千)分表的测头通过,如图 4-19 所示。

　　装夹部位即电极上被夹具等工具夹持的部位。装夹部位的作用就是将电极装夹固定于机床主轴上。

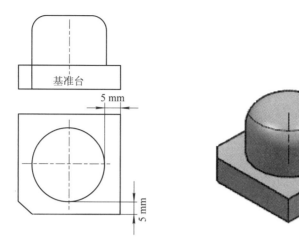

图 4-19　电极的结构

　　电极设计时，在不影响电极正常使用的情况下，为了降低电极的制造成本，电极的结构应尽可能简单。图 4-19 中，电极没有设计装夹部位，在装夹时夹具可以直接夹持在电极的校正部位。

　　在实际生产中，根据型孔或型腔的尺寸大小、复杂程度及电极的加工工艺性等来确定电极的结构形式。常用的电极结构形式有如下几种：

　　(1) 整体电极。整体电极由一整块材料制成，如图 4-20(a)所示。若电极尺寸较大，则在内部设置减轻孔及多个冲油孔，如图 4-20(b)所示。

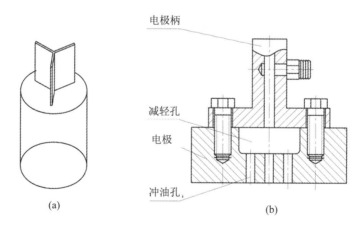

图 4-20　整体电极

　　(2) 组合电极。组合电极是将若干个小电极组装在电极固定板上，可一次性同时完成多个成形表面加工的电极。图 4-21 所示的工具电极就是由多个小电极组装成的。

　　采用组合电极加工时，加工效率高，各型孔之间的位置精度也较准确。但是对组合电极来说，一定要保证各电极间的定位精度，并且每个电极的轴线要垂直于安装表面。

　　(3) 镶拼式电极。镶拼式电极是将形状复杂、加工难度高的电极分成几块来加工，然后再镶拼成整体的电极。如图 4-22 所示，将 E 字形硅钢片冲模所用的电极分成三块，加工完毕后再镶拼成整体。这样既可保证电极的制造精度，得到尖锐的凹角，又可简化电极的加工，节约材料，降低制造成本。但在制造中应保证各电极分块之间的位置准确，配合要紧密牢固。

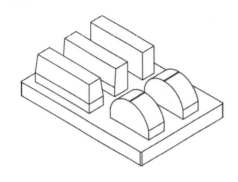

图 4-21　组合电极

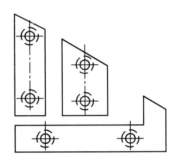

图 4-22　镶拼式电极

2) 电极的尺寸

电极的尺寸包括垂直尺寸和水平尺寸，它们的公差是型腔相应部分公差的 1/2～2/3。

(1) 垂直尺寸。电极平行于机床主轴线方向上的尺寸称为电极的垂直尺寸。电极的垂直尺寸取决于采用的加工方法、加工工件的结构形式、加工深度、电极材料、型孔的复杂程度、装夹形式、使用次数、电极定位校直、电极制造工艺等一系列因素。

在设计中，综合考虑上述各种因素后很容易确定电极的垂直尺寸，下面简单举例说明。如图 4-23 所示的电火花成形加工电极，电极尺寸包括加工一个型腔的有效高度 L、加工的型腔位于另一个型腔里面时需增加的高度 L_1、加工结束时电极夹具与工件夹具或压板不发生碰撞而应增加的高度 L_2 等。

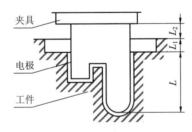

图 4-23　电极垂直尺寸图

(2) 水平尺寸。由于电火花成形加工中存在放电间隙，粗加工需要为后续的精加工留加工余量，电极的水平尺寸不能等于最终加工后的型腔尺寸。电极的水平尺寸需要在型腔尺寸的基础上留适当的电极缩放量，即图纸要求的工件型腔尺寸(简称型腔尺寸)与电极尺寸之差($A-a$)，如图 4-24 所示。

电极缩放量的组成如图 4-25 所示。影响电极缩放量的主要因素有电火花成形加工的单边放电间隙 δ_0、为下一步粗加工或精加工留有的安全余量 δ_1 以及粗加工侧向表面粗糙度值 δ_2。

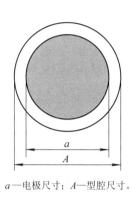

a—电极尺寸；A—型腔尺寸。

图 4-24　电极水平截面尺寸缩放示意图

δ_1—安全余量；δ_2—表面微观不平度的最大值；
δ_0—侧面单边放电间隙。

图 4-25　电极单边缩放量组成示意图

通常将影响粗加工电极缩放量的放电间隙、安全余量、粗加工侧向表面粗糙度合称为安全间隙 M，即

$$M = 2(\delta_0 + \delta_1 + \delta_2) \tag{4-1}$$

因此，精加工电极单边缩放量不小于单边放电间隙，粗加工电极的单边缩放量不小于单边安全间隙。

电极缩放量与放电面积、放电基准等因素密切相关，影响电极缩放量的选取因素如下：

在设计电极时，若电极缩放量小，则电火花成形加工只能选择较小的电流进行加工，加工速度低。若电极缩放量小而使用大电流进行加工，则电极的电极缩放量小于单边放电间隙，从而导致零件的加工部位尺寸超差。

如果电极缩放量大，则可以选择较大的电流进行加工。但是，如果加工电流过大，超过电极所能承受的电流密度，则电火花成形加工中容易出现积碳、电极烧伤等问题。

因此，设计电极时电极缩放量大小应适中。实际加工中，电极缩放量的大小通常根据经验值来选取和确定。表 4-2 为某公司推荐的电极单边缩放量与放电基准关系表，可以根据该表来选取适当的电极缩放量。

表 4-2　电极单边缩放量与放电面积关系表

放电面积/mm²		$\leqslant \phi 5$	$\phi 10 \sim \phi 30$	$\phi 30 \sim \phi 50$	$\geqslant \phi 50$
粗加工	电极单边缩放量/mm	0.05～0.15	0.20～0.30	0.35～0.50	≤0.50
	最大电流基准/A	5	10～30	30～40	40
精加工	电极单边缩放量/mm	0.05～0.10	0.05～0.15	0.1～0.2	0.15～0.2
	最大电流基准/A	1～2	1～5	2～7	5～7

注：表中 $\phi 5$ 表示直径为 5 mm 的圆对应的面积，$\phi 10$、$\phi 30$、$\phi 50$ 的含义同此。

例 4.1　现用电火花成形机床加工一个正方形型腔，边长为 20 mm，表面粗糙度 Ra 为

0.4 μm，试设计粗加工和精加工电极的水平尺寸。

解 根据加工要求，电极放电面积为 4 cm², 在 $\phi 10 \sim \phi 30$ mm 范围内(即面积在直径 10 mm 和 30 mm 的圆面积之间)，因此根据表 4-2，粗加工电极缩放量选取 0.2 mm，精加工电极单边缩放量选取 0.1 mm。

思考： 选取的电极缩放量等于实际的电极缩放量吗？

电极缩放量是电火花成形加工中一个非常重要的参数。在设计电极时，设计师需要根据加工经验确定适当的电极缩放量。在加工时机床操作员根据电极的实际测量尺寸和型腔尺寸，计算出实际的电极缩放量，并输入到机床加工参数中。图 4-26 为 GF 公司 FORM 系列电火花成形机床电极准备界面，图中虚线框内需要填写电极的实际单边缩放量。

例 4.2 已知某孔型零件的型腔直径为 40 mm，试设计该电极的水平尺寸，并在机床加工界面中输入实际的电极单边缩放量。

解 若该型腔用一个电极加工，则根据表 4-2，粗加工电极的单边缩放量为 0.4 mm，则电极水平方向设计尺寸为

$$40 - 2 \times 0.4 = 39.2 \text{ mm}$$

电极设计完成后经过机械加工，得到真实的电极。在电火花成形加工前，应测量电极的实际水平尺寸，以便确定加工时电极的实际单边缩放量。如电极的实际测量尺寸为 39.22 mm，则实际的单边电极缩放量为 0.39 mm。因此，如果采用 FORM 系列电火花成形机床加工，则应在图 4-26 方框中对应地方填入 0.39 mm。

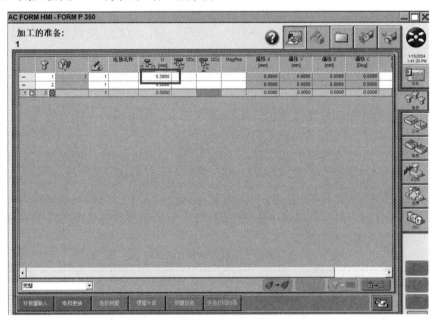

图 4-26 FORM 系列电火花成形机床电极准备参数

在确定电极的水平尺寸时，电极宁小勿大。当电极尺寸偏小时，型腔在水平方向上的余量可以通过电极在水平方向的平动实现余量去除；当电极尺寸偏大时，型腔零件有可能因电极尺寸偏大而报废。

上面介绍了形状简单电极的水平方向尺寸设计过程。对于较复杂的电极(如图 4-27 所

示),其电极的水平尺寸可用下式确定:

$$a = A \pm K\Delta$$

式中: a——电极水平方向的尺寸;

　　　 A——型腔水平方向的尺寸;

　　　 K——与型腔尺寸标注法有关的系数;

　　　 Δ——电极单边缩放量。

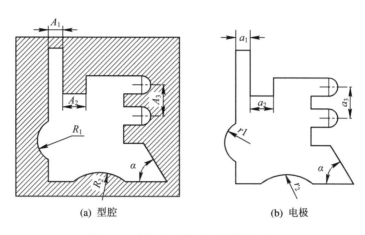

(a) 型腔　　　　　　　　　(b) 电极

图 4-27　电极水平截面尺寸缩放示意图

$a = A \pm K\Delta$ 中的 ± 号和 K 值的具体含义如下:

(1) 凡图样上型腔凸出部分,其相对应的电极凹入部分的尺寸应放大,即用 "+" 号;反之,凡图样上型腔凹入部分,其相对应的电极凸出部分的尺寸应缩小,即用 "-" 号。

(2) K 值的选择原则:当图中型腔尺寸完全标注在边界上(即相当于直径方向尺寸或两边界都为定形边界)时, K 取 2;一端以中心线或非边界线为基准(即相当于半径方向尺寸或一端为定形边界另一端为定位边界)时, K 取 1;对于图中型腔中心线之间的位置尺寸(即两边界为定位边界)以及角度值和某些特殊尺寸(如图 4-28 中的 a_1),电极上相对应的尺寸不增不减, K 取 0。对于圆弧半径,亦按上述原则确定。

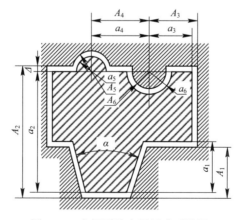

图 4-28　电极型腔水平尺寸对比图

根据以上叙述,在图 4-28 中,电极尺寸 a 与型腔尺寸 A 有如下关系:

$$a_1 = A_1, \quad a_2 = A_2 - 2\Delta, \quad a_3 = A_3 - \Delta$$
$$a_4 = A_4, \quad a_5 = A_5 - \Delta, \quad a_6 = A_6 + \Delta$$

3) 电极的排气孔和冲油孔

电火花成形加工时，型腔一般为盲孔，排气、排屑条件较为困难，这会直接影响加工的效率与稳定性，精加工时还会影响加工表面粗糙度。为改善排气、排屑条件，大、中型腔加工电极都设计有排气、冲油孔。一般情况下，开孔的位置应尽量保证冲液均匀和气体易于排出。电极开孔示意图如图 4-29 所示。

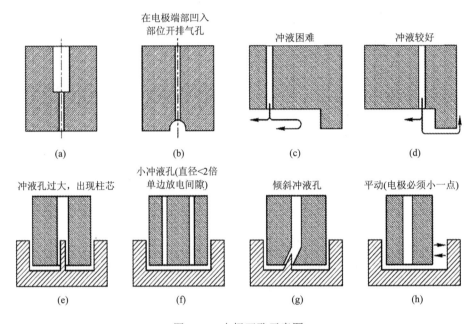

图 4-29　电极开孔示意图

在实际设计中要注意以下几点：

(1) 为便于排气，经常将冲油孔或排气孔上端直径加大，如图 4-29(a)所示。

(2) 气孔尽量开在蚀除面积较大以及电极端部凹入的位置，如图 4-29(b)所示。

(3) 冲油孔要尽量开在不易排屑的拐角、窄缝处，如图 4-29(c)设计不合理，图 4-29(d)设计合理。

(4) 排气孔和冲油孔的直径约为平动量的 1～2 倍，一般取 $\phi 1 \sim \phi 1.5$ mm；为便于排气排屑，常把排气孔、冲油孔的上端孔径加大到 $\phi 5 \sim \phi 8$ mm；孔距在 20～40 mm，位置相对错开，以避免加工表面出现"波纹"。

(5) 尽可能避免冲液孔在加工后留下的柱芯，如图 4-29(f)、(g)、(h)设计合理，图 4-29(e)设计不合理。

(6) 冲油孔的布置需注意冲油要流畅，不可出现无工作液流经的"死区"。

例 4.3　已知某零件如图 4-30(a)所示，现有一块毛坯材料如图 4-30(b)所示，试设计加工该零件的精加工电极(图纸尺寸单位为 mm)。

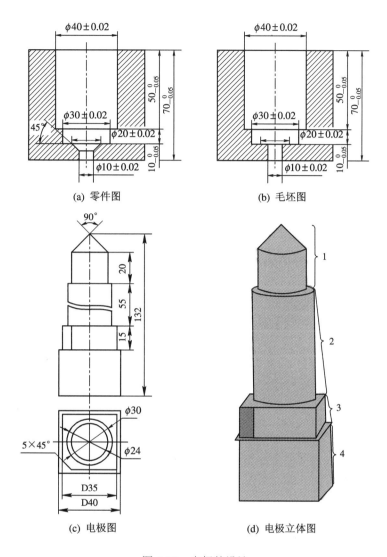

图 4-30　电极的设计

解　(1) 结构设计。

该电极分为四个部分，如图 4-30(d)所示：

1——直接加工部分。

2——电极细长，为了提高强度，应适当增加电极的直径。

3——因为电极为细长的圆柱，在实际加工中很难校正电极的垂直度，故增加该部分，其目的是方便电极的校正。另外，由于该电极形状对称，为了便于识别方向，特意在该部分设计了 5 mm 的倒角。

4——电极与机床主轴的装夹部分。该部分的结构形式应根据电极装夹的夹具形式确定。

(2) 尺寸分析。

长度方向尺寸分析：该电极实际加工长度只有 5 mm，但由于加工部分的位置在型腔的底部，故增加了尺寸，如图 4-30(c)所示。

横截面尺寸分析：① 该电极加工部分是一锥面，故对电极的横截面尺寸要求不高；② 为了保证电极在放电过程中排屑较好，电极的第 2 部分直径不能太大。

(3) 材料选择。

由于加工余量少，因此采用紫铜作电极。

3. 电极的制造

在进行电极制造时，应尽可能将要加工的电极坯料装夹在即将进行电火花成形加工的装夹系统上，以避免因装卸而产生定位误差。

常用的电极制造方法有切削加工、电火花线切割加工和电铸加工。

1) 切削加工

过去常见的切削加工有铣、车、平面和圆柱磨削等方法。随着数控技术的发展，目前经常采用数控铣床(加工中心)制造电极。数控铣削加工电极不仅能加工精度高、形状复杂的电极，而且速度快。

石墨材料在加工时粉末飞扬，需要使用加工区域密封性好的石墨加工中心专机来切削。紫铜材料切削容易产生毛刺和细微刀纹，为了达到较好的表面粗糙度，在切削加工后需要进行抛光处理。

2) 电火花线切割加工

除用机械方法制造电极以外，对于复杂的二维形状电极，尤其是带有拐角的电极可用电火花线切割加工。

如图 4-31(a)所示，用机械加工方法制造该电极时，通常分成四部分来加工，然后再镶拼成一个整体。由于分块加工中产生的误差及拼合时的接缝间隙和位置精度的影响，会使电极产生一定的形状误差。如果使用电火花线切割机床加工电极，则很容易制作出来，并能很好地保证其精度，如图 4-31(b)所示。

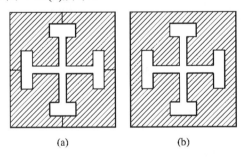

(a)　　　　　　(b)

图 4-31　机械加工与电火花线切割加工

3) 电铸加工

电铸方法主要用来制作大尺寸电极，特别是在板材冲模领域。使用电铸制作出来的电极的放电性能特别好。

用电铸法制造电极，复制精度高，可制作出用机械加工方法难以完成的细微形状的电极。它特别适合于有复杂形状和图案的浅型腔的电火花成形加工。电铸法制造电极的缺点是加工周期长，成本较高，电极质地比较疏松，电火花成形加工时电极损耗较大。

4.2.2　电极装夹与校正

电极装夹的目的是将电极安装在机床的主轴头上，电极校正的目的是使电极的轴线平行于主轴头的轴线，即保证电极与工作台台面垂直，必要时还应保证电极的横截面基准与机床的 X、Y 轴平行。

1．电极的装夹

在安装电极时，一般使用通用夹具或专用夹具直接将电极装夹在机床主轴的下端。常用装夹方法有下面几种：

小型的整体式电极多数采用通用夹具直接装夹在机床主轴下端，采用标准套筒、钻夹头装夹，如图 4-32、图 4-33 所示；对于尺寸较大的电极，常将电极通过螺纹连接直接装夹在夹具上，如图 4-34 所示。

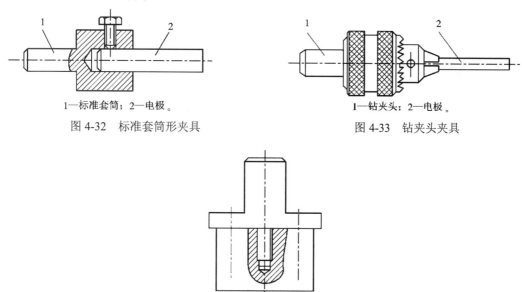

1—标准套筒；2—电极。

图 4-32　标准套筒形夹具

1—钻夹头；2—电极。

图 4-33　钻夹头夹具

图 4-34　螺纹夹头夹具

镶拼式电极的装夹比较复杂，一般先用连接板将几块电极拼接成所需的整体，然后再用机械方法固定，如图 4-35(a)所示；也可用聚氯乙烯醋酸溶液或环氧树脂黏合，如图 4-35(b)所示。在拼接时各结合面需平整密合，然后再将连接板连同电极一起装夹在电极柄上。

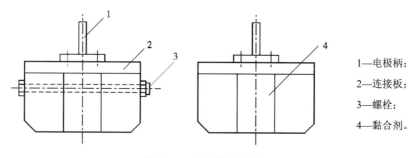

1—电极柄；
2—连接板；
3—螺栓；
4—黏合剂。

图 4-35　连接板式夹具

当电极采用石墨材料时，应注意以下几点：

(1) 由于石墨较脆，故不宜攻螺孔，可用螺栓或压板将电极固定在连接板上。石墨电极的装夹如图 4-36 所示。

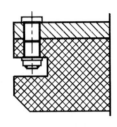
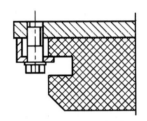

(a) 使用螺栓固定　　　　　　　(b) 使用压板固定

图 4-36　石墨电极的装夹

(2) 不论是整体的或拼合的电极，都应使石墨压制时的施压方向与电火花成形加工时的进给方向垂直。如图 4-37 所示，图(a)箭头所示为石墨压制时的施压方向，图(b)为不合理的拼合，图(c)为合理的拼合。

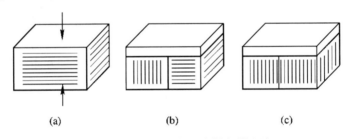

(a)　　　　　　　　(b)　　　　　　　　(c)

图 4-37　石墨电极的方向性与拼合法

2．电极的校正

电极装夹好后，必须进行校正才能加工，不仅要调节电极与工件基准面垂直，而且还需要在水平面内调节、转动一个角度，使工具电极的截面形状与工件型孔或型腔定位的位置一致。电极的校正主要靠调节电极夹头的相应螺钉进行。如图 4-38 所示的电极夹头，部件 1 为电极旋转角度调整螺丝，部件 2 为电极左右水平调整螺丝及锁定螺帽，部件 3 为电极前后水平调整螺丝及锁定螺帽。

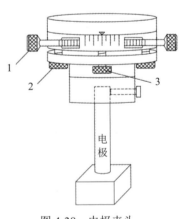

电极装夹到主轴上后，必须进行校正，一般的校正方法有：

(1) 根据电极的侧基准面，使用百(千)分表找正电极的垂直度，如图 4-39 所示。

图 4-38　电极夹头

(2) 电极上无侧面基准时(如型腔加工用的较复杂的电极)，通常用电极与加工部分相连的端面(如图 4-40 所示)为电极校正面，保证电极与工作台平面垂直。

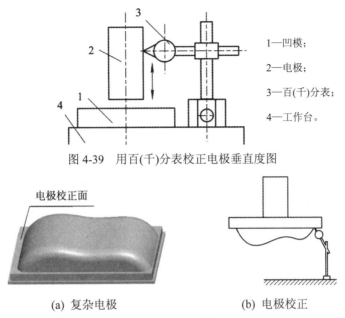

图 4-39 用百(千)分表校正电极垂直度图

1—凹模；
2—电极；
3—百(千)分表；
4—工作台。

(a) 复杂电极　　　　　　　(b) 电极校正

图 4-40 复杂电极校正

3. 快速装夹夹具

随着技术的进步，现代制造业中的电火花成形加工生产越来越多地应用快速装夹夹具来实现高效、高精度的电极换装，如 GF 公司的 System 3R 夹具等，如图 4-41 所示。

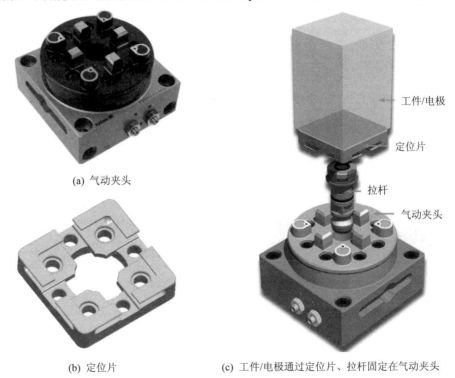

(a) 气动夹头

(b) 定位片　　　　　　(c) 工件/电极通过定位片、拉杆固定在气动夹头

工件/电极
定位片
拉杆
气动夹头

图 4-41 System 3R 夹具

　　快速装夹的标准化夹具的原理是：在制造电极时，将电极与定位片、拉杆、电极夹头等作为一个电极组件(如图 4-42 所示)，装在装备了相同的工艺定位基准附件(气动夹头)的加工设备上。由于工艺定位基准附件(气动夹头)的基准一致，因此在电极制造完成后，可直接取下电极组件，装入数控电火花成形机床的基准附件(气动夹头)上，不用再校正电极。工艺定位基准附件不仅可以在电火花成形机床上使用，还可以在车床、铣床、磨床、线切割机床等上使用，可以实现电极制造和电极使用的一体化，电极在不同机床之间转换时不必再费时找正。

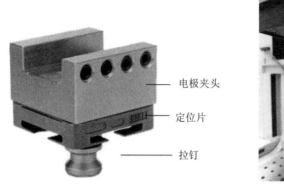

电极夹头

定位片

拉钉

图 4-42　电极组件

　　如图 4-43 所示，在铣削电极时，数控机床工作台上配有 3R 基准附件(气动夹头)，通过电极夹头固定在电极组件上的电极毛坯可以直接安装于 3R 基准附件(气动夹头)上。电极铣削完成后，取下电极组件，即可直接安装在电火花成形机床主轴上的 3R 基准附件(气动夹头)上，无须校正电极的垂直度，实现电极的快速装夹。

图 4-43　相同的装夹基准

4.2.3　电极的定位

　　在电火花成形加工中，电极与工件之间相对定位的准确程度直接决定加工的精度。做好电极的精确定位主要有三方面内容：电极的装夹与校正、工件的装夹与校正、电极相对于工件的定位。

电极的装夹与校正前面已详细介绍过，这里不再叙述。

工件的装夹与机械切削加工相似，但由于电火花成形加工中的作用力很小，因此工件更容易装夹。

在实际生产中，工件常用压板、磁力吸盘(吸盘中的内六角孔中插入扳手可以调节磁力的有无，如图 4-44 所示)、虎钳等来固定在机床工作台上，然后用百(千)分表沿 X 或 Y 轴校正工件(如图 4-45 所示)，使工件的基准面与机床的 X 或 Y 轴平行。

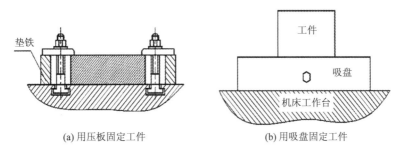

(a) 用压板固定工件　　　　　　　(b) 用吸盘固定工件

图 4-44　工件的固定

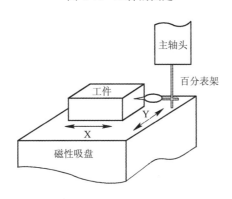

图 4-45　工件的校正

电极相对于工件的定位是指将已安装、校正好的电极对准工件上的加工位置，以保证加工的孔或型腔在凹模上的位置精度。习惯上将电极相对于工件的定位过程简称为定位。精度要求不高的零件可以用电极直接感知工件来定位，但对于精度高的零件，则需要使用基准球来实现电极的定位。

1．使用电极直接感知工件定位

电极定位分为在工件 XY 平面定位和 Z 方向定位两部分，下面分别进行介绍。

1) 电极在 XY 平面的定位

要正确将电极定位于工件，首先要认真识读电火花成形加工图。电极在工件上的定位与两个位置有关：① 工件基准位置，即坐标原点；② 电极相对于工件的位置偏移，即图 4-46 方框标示的电极放电坐标。因此，电极在 XY 平面的定位过程可以分成两个步骤：① 通过电极与工件的接触感知，定位电极基准中心于工件基准位置；② 电极从工件基准位置移动一偏移量，将电极定位于加工位置。偏移量为电极放电坐标数值(如图 4-46 所示)，在机床的相应操作界面设置，如图 4-47 所示。因此，电极在 XY 平面定位的关键步骤是将电极基准中心定位于工件基准位置。

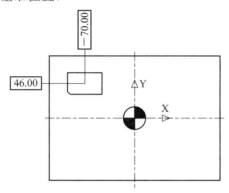

图 4-46　　电极位置图

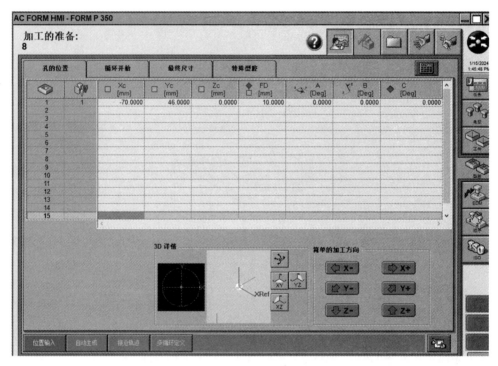

图 4-47　　型腔位置设置

　　在实际加工中,工件基准在工件上的位置有:两个方向基准都在工件的边,如图 4-48(a)所示;一个方向基准在工件的边,另一个方向基准在工件对称中心,如图 4-48(b)所示;两个方向基准都在工件对称中心,如图 4-48(c)所示。在电极基准中心定位于工件基准时,虽然工件基准在工件上的位置不同,但定位方法基本相同。下面以工件基准两个方向都在工件中心为例,说明电极基准中心定位于工件基准的具体过程。

　　如图 4-48(c)所示,将工件、电极表面的毛刺去除干净,将电极移动到工件左边,电极底部低于工件表面 5~10 mm,执行指令:

　　　　G80 X+;

　　　　G92 X0;

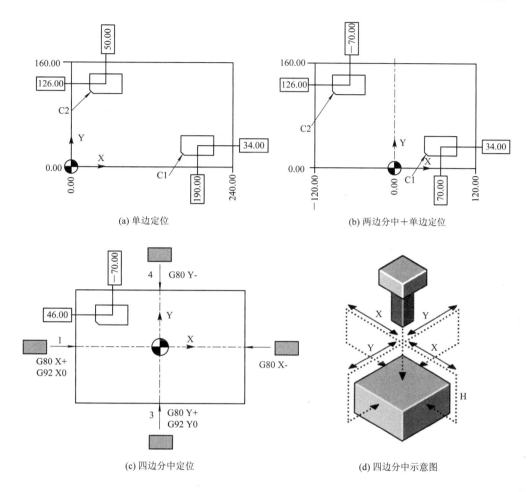

图 4-48　电极在 XY 平面的定位方式

将电极回退，再将电极移动到工件右边，电极底部低于工件表面 5～10 mm，执行指令：

G80 X－;

记下 X－方向感知完成后电极的 X 坐标，设为 A。将电极回退，再将电极移动到工件下方，电极底部低于工件表面 5～10 mm，执行指令：

G80 Y＋;

G92 Y0;

将电极回退，再将电极移动到工件上方，电极底部低于工件表面 5～10 mm，执行指令：

G80 Y－;

记下 Y－方向感知完成后电极的 Y 坐标，设为 B。将电极回退，再将电极抬高，至少高于工件上表面，执行指令：

G00 X $\dfrac{A}{2}$ Y $\dfrac{B}{2}$;

经过上述步骤，电极即可定位于工件 XY 平面中心，电极基准中心定位于工件 XY 面上的基准位置。

目前，市场上主流电火花成形机床都有工件自动找中心功能，单击找外中心菜单，出现类似图 4-48(d)所示的找外中心示意图。将电极移动到工件上表面近似中心位置，输入相应的 X、Y、H 值，即可实现电极自动找外中心。

2) 电极在 Z 方向的定位

电极在 Z 方向的定位方法主要有：感知电极基准台下表面定位和感知电极底面定位。在电火花成形加工图中，放电坐标为电极基准台下表面，则表示需要通过感知电极基准台下表面来实现电极 Z 方向的定位，如图 4-49(a)所示。若只标注型腔的深度，则表示需要通过感知电极底面来实现电极 Z 方向的定位，如图 4-49(b)所示。在实际加工中，为了避免电极底面与工件的干涉及碰撞，很少用电极基准台底面直接感知工件表面。下面介绍电极底面直接感知工件上表面的定位方法。后面盲孔型腔加工实例中再介绍感知电极基准台下表面定位方法。

如图 4-50 所示，将工件、电极表面的毛刺去除干净，将电极移动到工件上方，执行指令：

　　　　G80 Z—；

通常电极感知后会自动回退，回退量为 1 mm(回退量可以根据习惯自定义)。在电极回退后，再执行指令：

　　　　G92 Z1；

这样，工件上表面就设置为零，从而实现了电极在 Z 方向的定位。

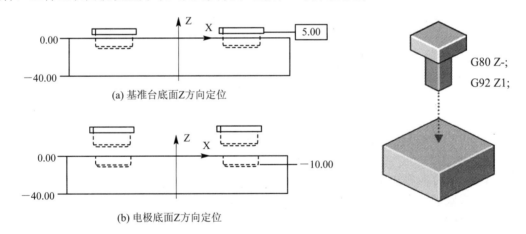

(a) 基准台底面 Z 方向定位

(b) 电极底面 Z 方向定位

图 4-49　电极在 Z 方向的定位方式　　　　图 4-50　电极 Z 方向感知示意图

2. 使用基准球感知工件定位

与电极直接感知工件定位相比，在使用基准球感知工件定位过程中，基准球与电极、工件感知都是点接触，采用点接触，接触面积小，定位准确，定位精度优于 0.005 mm。

在使用基准球定位时，目前最常见的方法是使用两个基准球，一个基准球固定在工作台上，另一个基准球作为测头安装在机床主轴上。使用基准球定位的过程如下：

① 测头对基准球分中，得到工作台上基准球位置的机械坐标值，如图 4-51(a)所示。

② 测头对工件分中，得到工件基准位置的机械坐标值，如图 4-51(b)所示。

③ 电极对基准球分中，得到电极偏移量(包括 XYZ 值)，如图 4-51(c)所示。电极偏移

量是电极与基准球分中后的机械坐标值减去测头与基准球分中后的机械坐标值，其值有正负之分。如果使用的是 3R 同心测头，电极偏移量就是电极基准相对主轴夹具基准的中心偏差。

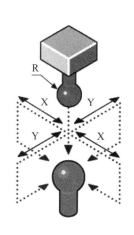
(a) 测头对基准球分中

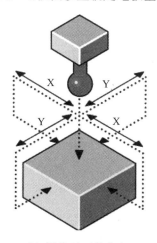
(b) 测头对工件分中

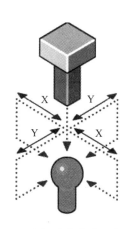
(c) 电极对基准球分中

图 4-51　使用基准球进行工件定位

通过上述三个操作步骤，先后得到了基准球位置的机械坐标值、工件基准位置的机械坐标值和电极偏移量。机床在执行电极的定位时，会自动将工件基准位置的机械坐标值加上电极偏移量，定位的加工坐标值是基于偏移后的工件基准位置。

在使用基准球感知工件定位中，若工件基准是工件的边，则使用测头对工件的基准边进行感知，需要将接触感知的坐标值减去测头的半径值。

4.2.4　工件的准备

电火花成形加工在整个零件的加工中属于最后一道工序或接近最后一道工序，所以在加工前应认真准备工件，具体内容如下。

1．工件的预加工

一般来说，机械切削的效率比电火花成形加工的效率高。因此，在电火花成形加工前，尽可能用机械加工的方法去除加工位置大部分材料，即预加工，如图 4-52 所示。

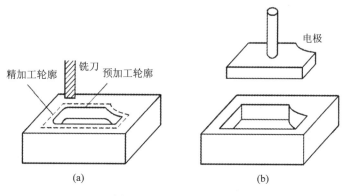

图 4-52　预加工示意图

预加工可以节省电火花成形加工的粗加工时间，提高总的生产效率，但预加工时要注意：

(1) 留余量要合适，尽量做到余量均匀，否则会影响型腔表面粗糙度和电极不均匀的损耗，破坏型腔的仿形精度。

(2) 对一些形状复杂的型腔，预加工比较困难，可直接进行电火花成形加工。

(3) 在缺少通用夹具的情况下，用常规夹具在预加工中需要将工件多次装夹。

(4) 预加工后使用的电极上可能有铣削等的机加工痕迹(如图 4-53 所示)，如用这种电极精加工可能影响到工件的表面粗糙度。

(5) 预加工过的工件进行电火花成形加工时，在起始阶段加工稳定性可能存在问题。

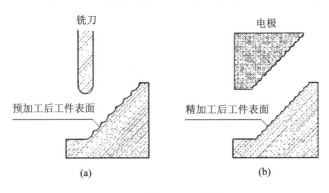

图 4-53　预加工后工件表面

2．热处理

工件在预加工后，便可进行淬火、回火等热处理，即热处理工序尽量安排在电火花成形加工前面，这样可避免热处理变形对电火花成形加工尺寸精度、型腔形状等的影响。

热处理安排在电火花成形加工前也有其缺点，如电火花成形加工将淬火表层加工掉一部分，影响了热处理的质量和效果。因此，有些型腔模安排在热处理前进行电火花成形加工，这样型腔加工后钳工抛光容易，并且淬火时的淬透性也较好。

由上可知，在生产中应根据实际情况，合理地安排热处理的工序。

3．其他工序

在电火花成形加工前，工件还必须除锈、去磁，否则工件在加工中吸附铁屑，很容易引起拉弧放电导致工件表面烧伤。

4.2.5　电蚀产物的排除

经过前面的学习可知，电火花成形加工中如果电蚀产物不能及时排除，将会对加工产生巨大的影响。

电蚀产物虽然是加工中出现的，但为了较好地排除电蚀产物，准备工作必须在加工前做好。通常采用的方法如下。

1．电极冲油

在电极上开小孔，并强迫冲油是型腔电加工最常用的方法之一，如图 4-54 所示。冲油小孔直径一般为 $\phi 0.5 \sim \phi 2\,mm$，可以根据需要开一个或几个小孔。

2．工件冲油

工件冲油是穿孔电加工最常用的方法之一，如图 4-55 所示。由于穿孔加工大多在工件上开有预孔，因此具有冲油的条件。在加工型腔时，如果允许在工件加工部位开孔，也可采用此法。

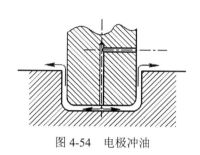

图 4-54　电极冲油

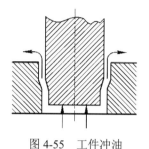

图 4-55　工件冲油

3．工件抽油

工件抽油常用于穿孔加工，如图 4-56 所示。由于加工产生的蚀除物不经过加工区，因而加工斜度很小。抽油时要使放电时产生的气体(大多是易燃气体)及时排放，不能积聚在加工区，否则会引起"放炮"。"放炮"是严重的事故，轻则工件移位，重则工件炸裂，主轴头损坏。通常在安放工件的油杯上采取一定的措施，将抽油的部位尽量接近加工位置，将产生的气体及时抽走。

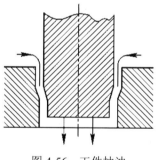

图 4-56　工件抽油

抽油的排屑效果不如冲油好。

冲油和抽油对电极损耗有影响(如图 4-57 所示)，尤其是排屑条件比较敏感的紫铜电极影响更明显，所以排屑较好时不用冲油、抽油。

(a) 电极冲油对电极损耗的影响　　　　　(b) 电极抽油对电极损耗的影响

图 4-57　电极冲油、抽油对电极损耗的影响

4．开排气孔

加工大型型腔，可以考虑在电极上开排气孔。该方法工艺简单，虽然排屑效果不如冲油，但对电极损耗影响较小。开排气孔在粗加工时比较有效，精加工时需采用其他排屑办法。

5．抬刀

电极在加工中边加工边抬刀是最常用的排屑方法之一。通过抬刀，电极与工件间的间隙加大，液体流动加快，有助于电蚀产物的快速排除。

抬刀有两种情况：一种是定时的周期抬刀，目前绝大部分电火花成形机床具备此功能。另一种是自适应抬刀，可以根据加工的状态自动调节进给的时间和抬起的时间(即抬起高度)，使加工一直处于正常状态。自适应抬刀与自适应冲油一样，在加工出现不正常时才抬刀，正常加工时则不抬刀。显然，自适应抬刀对提高加工效率有益，减少了不必要的抬刀。

6．电极的平动

电火花成形加工中电极的平动从客观上改善了排屑条件。排屑的效果与电极平动的速度有关。

4.3　加工规准转换及加工条件

在电火花成形加工中最常见的方法是先粗加工，然后再中加工、精加工。不同的加工需要采用不同的电加工规准，那么不同的电加工规准如何转换呢？这是电火花成形加工中必须解决的问题。

4.3.1　加工规准转换

电火花成形加工中，在粗加工完成后，再使用其他规准加工，使工件表面粗糙度值逐步降低，逐步达到加工尺寸。在加工中，加工规准的转换还需要考虑其他因素，如加工中的最大加工电流要根据不同时期的实际加工面积进行调整，但总体上有一些共同点。

1．掌握加工余量

掌握加工余量是提高加工质量和缩短加工时间的最重要环节。一般来说，分配加工余量要做到事先心中有数，在加工过程中只进行微小的调整。

加工余量的控制，主要从表面粗糙度和电极损耗两方面来考虑。在一般型腔低损耗($\theta<1\%$)加工中能达到的各种表面粗糙度与最小加工余量有一定的规律(如表 4-3 所示)，在加工中必须使加工余量不小于最小加工余量。若加工余量太小，则最后粗糙度加工不出或者工件达不到规定的尺寸。

表 4-3　表面粗糙度与最小加工余量的关系

	表面粗糙度 $Ra/\mu m$	最小加工余量/mm
低损耗规准的范围($\theta<1\%$)	50 以上	0.5～1
	50～25	1
	12.5	0.20～0.40
	6.3	0.10～0.20
	3.2	0.05～0.10
	1.6	0.05 以下
	0.8	

对有损耗加工，最小加工余量与表面粗糙度的对应规律不太明显，所以有损耗加工尤其要注意控制加工余量。

2．表面粗糙度逐级逼近

电规准转换的另一个要点是使表面粗糙度逐级逼近，表面粗糙度转换不能过大，尤其是要防止在电极损耗明显增大的情况下又使表面粗糙度差别很大。这样电极损耗的痕迹会直接反映在电极表面上，最后使加工表面粗糙度变差。

表面粗糙度要逐级逼近，否则将使加工质量变差，效率变低。低损耗加工时表面粗糙度转换可以大一些。转换电规准时，必须把前一电规准的表面余量修光并达到一定尺寸后才进行下一电规准的加工。

3．尺寸控制

尺寸控制也是电规准转换时应予以重视的要点之一。一般来说，X、Y 平面尺寸的控制比较直观，可以在加工过程中随时进行测量；加工深度的控制比较困难，一般机床只能显示主轴进给的位置，至于实际加工深度还要考虑电极损耗和放电间隙。对于上表面为平面的零件，深度方向可加工至稍微超过规定尺寸，加工完之后再将上表面磨去一部分。

近年来新发展研制的数控电火花成形机床普遍具有加工深度的显示，比较高级的机床显示深度时还会自动扣除放电间隙和电极损耗量。

4．损耗控制

在理想的情况下，最好是在任何表面粗糙度时都用低损耗规准加工，这样加工质量比较容易控制，但这并不是在所有情况下都能够实现的。同时，由于低损耗加工的效率比有损耗的加工效率要低，故对于某些要求并不太高而加工余量又很大的工件，其电极损耗的工艺要求可以低一些。有的加工，由于工艺条件或者其他因素，其电极损耗很难控制，因此要采取相应的措施才能完成一定要求的放电加工。

在加工中，为了控制电极损耗，应先了解如下内容：

(1) 如果用石墨电极作粗加工，则电极损耗一般可以达到 1%以下。

(2) 不管是粗加工还是精加工，电极角部损耗比上述还要大。粗加工时，电极表面会产生缺陷。

(3) 紫铜电极粗加工的电极损耗量也可以低于 1%，但加工电流超过 30 A 后，电极表面会产生起皱和开裂现象。

(4) 紫铜电极的角部损耗比石墨电极更大。

了解上述情况后，在电规准转换时控制损耗就比较容易了。电规准转换时对电极损耗的控制最重要的是掌握低损耗加工转向有损耗加工的时机，也就是用低损耗规准加工到什么表面粗糙度，加工余量多大的时候才用有损耗规准加工，每个电规准的加工余量取多少才比较合适。

石墨电极低损耗加工表面粗糙度 Ra 一般达到 6.3 μm 左右，转向有损耗加工时其加工余量一般控制在 0.20 mm 以下，这样就可以使总的电极损耗量小于 0.20 mm。当然形状不同，加工工艺条件不同，低损耗电规准的要求也不一样。例如，形状简单的型腔的低损耗电规准与窄槽等的低损耗规准就不一样，转换电规准时机也不一样，前者 T_{on}/I_p 值可以小一些，后者则要大一些；前者在电极损耗值允许时，可以在粗糙度较大的情况下转换为有损耗加工，后者则为了保证成形精度，应当尽可能用低损耗电规准加工到较小的粗糙度。

紫铜电极加工时，除了要控制 T_{on}/I_p 值外，还要注意加工电流不要太大。电规准转换时要使低损耗加工的粗糙度达到尽量小的等级，使精加工电极的损耗量减小到最低限度。

4.3.2 电火花成形加工条件

与其他加工方法相比，影响电火花成形加工的因素较多，并且在加工过程中还存在着许多不确定或难以确定的因素。例如，脉冲电源的极性、脉宽、脉间、电流峰值、电极的放电面积、加工深度、电极缩放量等因素与加工速度、加工精度、电极损耗等有着密切的关系，这就求操作者有丰富的经验，才能达到预期的加工效果。如果操作者经验不足，那么机床的性能和功能就得不到充分的发挥，会造成很大的资源浪费。针对这种情况，电火花成形机床制造商开发了含有工艺参数库的自动加工系统，里面内置了丰富的加工条件。表 4-4 为北京阿奇 SP 型电火花成形机床使用紫铜电极加工钢，并且电极损耗较小的加工条件表，使用这些加工条件基本能达到其标示的表面粗糙度。

表 4-4　铜-钢最小损耗型参数表(仅供参考)

条件号	面积/cm²	安全间隙/mm	放电间隙/mm	加工速度/(mm³/min)	损耗/%	侧面Ra/μm	底面Ra/μm	极性	电容	高压管数	管数	脉冲间隙/mm	脉冲宽度/mm	模式	损耗类型	伺服基准	伺服速度	极限值脉冲间隔	极限值伺服基准
100	—	0.009	0.009	—	—	0.86	0.86	+	0	0	3	2	2	8	0	85	8	2	85
101	—	0.035	0.025	—	—	0.90	1.0	+	0	0	2	6	9	8	0	80	8	2	65
103	—	0.050	0.040	—	—	1.0	1.2	+	0	0	3	7	11	8	0	80	8	2	65
104	—	0.060	0.048	—	—	1.1	1.7	+	0	0	4	8	12	8	0	80	8	2	64
105	—	0.105	0.068	—	—	1.5	1.9	+	0	0	5	9	13	8	0	75	8	2	60
106	—	0.130	0.091	—	—	1.8	2.2	+	0	0	6	10	14	8	0	75	10	2	58
107	—	0.200	0.160	2.7	—	2.8	3.6	+	0	0	7	12	16	8	0	75	10	3	60
108	1	0.350	0.220	11.0	0.10	5.2	6.4	+	0	0	8	13	17	8	0	75	10	4	55
109	2	0.419	0.240	15.7	0.05	5.8	6.3	+	0	0	9	15	19	8	0	75	12	6	52
110	3	0.530	0.295	26.2	0.05	6.3	7.9	+	0	0	10	16	20	8	0	70	12	7	52
111	4	0.670	0.355	47.6	0.05	6.8	8.5	+	0	0	11	16	20	8	0	70	12	7	55
112	6	0.748	0.420	80.0	0.05	9.68	12.1	+	0	0	12	16	21	8	0	65	15	8	52
113	8	1.330	0.660	94.0	0.05	11.2	14.0	+	0	0	13	16	24	8	0	65	15	11	55
114	12	1.614	0.860	110.0	0.05	12.4	15.5	+	0	0	14	16	25	8	0	58	15	12	52
115	20	1.778	0.959	214.5	0.05	13.4	16.7	+	0	0	15	17	26	8	0	58	15	13	52

1. 加工条件的选择

电火花成形加工加工条件选择的关键在于初始(第一个)加工条件和最终加工条件的选择。初始加工条件影响加工速度,最终加工条件决定加工的表面粗糙度。

(1) 初始加工条件的选择原则:选择初始加工条件的主要因素有加工面积和电极缩放量,即根据加工面积选择初始加工条件,同时电极缩放量不小于该加工条件的单边安全间隙。

(2) 最终加工条件的选择原则:选择最终加工条件的主要因素是加工的表面粗糙度,即使用最终加工条件完成加工后,零件的表面粗糙度达到或优于要求的表面粗糙度。

2. 加工条件的选择实例

例 4.4　如图 4-58 所示,现有北京阿奇电火花成形机床,试选择加工校徽图案的加工条件。

校徽图案型腔表面要求有很好的表面粗糙度,图案清晰,因此根据加工该型腔的电火花成形机床的说明书,建议选用表 4-4 所示的铜-钢最小损耗型参数(注:与其他参数表相比,选用该表中的加工条件加工时电极损耗小)。

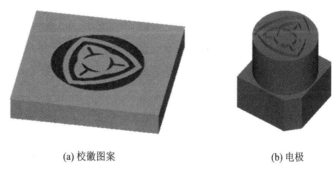

(a) 校徽图案　　　　　　　　　(b) 电极

图 4-58　校徽电火花成形加工

加工条件的选择过程如下:

(1) 确定初始加工条件。电火花成形加工初始加工条件是根据放电面积和电极缩放量来综合确定的。放电面积是首要的因素,如果放电面积较小,则只能选择较小的加工条件。电极缩放量是确定初始加工条件的次要因素。在放电面积允许的前提下,电极缩放量大,就能选择较大的加工条件,加工速度较快。

本例题加工校徽图案型腔,尺寸精度要求不高,在选择初始加工条件时,可以不考虑电极缩放量的影响,只根据放电面积来选择初始加工条件。经测量,加工校徽图案电极在工作台面的投影面积约为 2.9 cm^2。根据表 4-4,初始加工条件选择 C110。选用该条件加工时,型腔底部的表面粗糙度 Ra 为 7.9 μm。

(2) 确定最终加工条件。最终加工条件是根据工件表面粗糙度要求来确定的。这是因为工件的表面粗糙度主要依靠精加工来实现,使用最终加工条件加工后,工件的表面粗糙度必须达到图纸要求。

本例题中,校徽图案型腔表面粗糙度要求较高,设定图案型腔的表面粗糙度 Ra 不应大于 1.6 μm。

根据表 4-4，当选用加工条件 C103 时，型腔的侧面表面粗糙度 Ra 为 1.0 μm，底面表面粗糙度 Ra 为 1.2 μm，达到了使用要求。

(3) 中间条件全选，即加工条件为：C110—C109—C108—C107—C106—C105—C104—C103。

表 4-4 中部分参数说明如下：

• 高压管数：高压管数为 0 时，两极间的空载电压为 100 V，否则为 300 V；管数为 0～3 时，每个功率管的电流均为 0.5 A。高压管一般在小面积加工不动或精加工不易打匀的情况下选用。

• 电容：即在两极间回路上增加一个电容，用于非常小的表面或粗糙度要求很高的电火花成形加工，以增大加工回路间的间隙电压。

• 伺服速度：即伺服反应的灵敏度，其值为 0～20，值越大灵敏度越高。所谓反应灵敏度，是指加工时出现不良放电时的抬刀快慢。

• 模式：由两位十进制数字构成。00：关闭(OFF)，用于排屑状态特别好的情况；04：用于深孔加工或排屑状态特别困难的情况；08：用于排屑状态良好的情况；16：抬刀自适应，当放电状态不好时，自动减小两次抬刀之间的放电时间，这时抬刀高度(UP)一定要不为零；32：电流自适应控制。

• 放电间隙：加工条件的火花间隙，为双边值。

• 安全间隙：加工条件的安全间隙为双边值。一般来说，安全间隙值 M 包含三部分：放电间隙、粗加工侧向表面粗糙度和安全余量(主要考虑温度影响和表面粗糙度测量误差)。

另外需要注意的是：如果工件加工后需要抛光，那么在水平尺寸的确定过程中需要考虑抛光余量等再加工余量。在一般情况下加工钢时，抛光余量为精加工表面粗糙度最大值的 3 倍；加工硬质合金钢时，抛光余量为精加工表面粗糙度最大值的 5 倍。

• 底面 Ra：加工工件的底面粗糙度。

• 侧面 Ra：加工工件的侧面粗糙度。

例 4.5 加工边长为 20 mm 的方形孔，深 5 mm，要求表面粗糙度 Ra 为 1.6 μm，损耗与效率兼顾，工件材料为钢，电极为紫铜。经测量，方形电极实际尺寸为边长 19.4 mm。根据表 4-4 选择加工该型腔的电火花成形加工条件。

确定初始加工条件。根据加工面积 4 cm²，查表 4-4，选择初加工条件为 C111。根据计算，电极的实际缩放量为 20 − 19.4 = 0.6 mm(双边 0.6 mm)，小于 C111 对应的安全间隙 0.67 mm，不符合初始加工条件的选择原则。因此，初始加工条件只能选择 C110，电极缩放量 0.6 mm 不小于该条件的安全间隙 0.53 mm。

确定最终加工条件。根据零件加工的表面粗糙度要求，查表 4-4，选择最终的加工条件为 C103。

因此，本例题的加工条件为：C110—C109—C108—C107—C106—C105—C104—C103。

例 4.6 如图 4-59 所示，加工一直径为 20 mm 的圆柱孔，深 5 mm，要求表面粗糙度值 Ra 为 1.6 μm，损耗与效率兼顾，工件材料为钢，电极材料为紫铜。

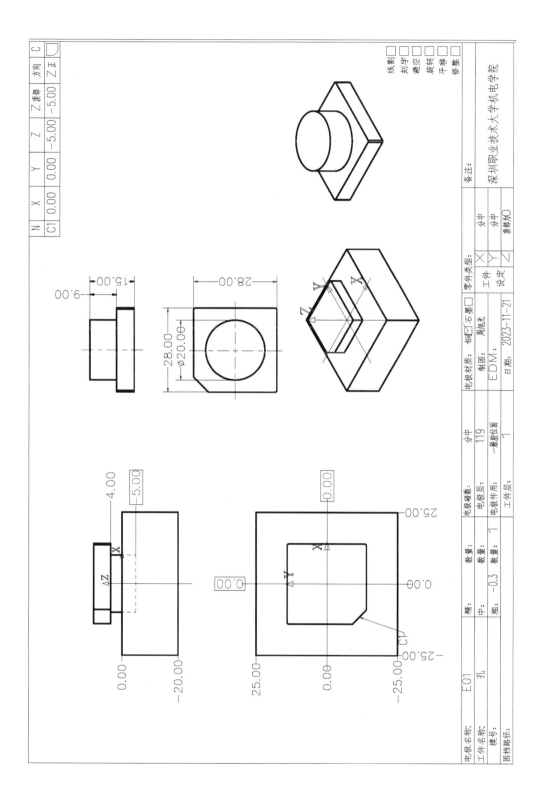

图 4-59　电火花成形加工图

➢ **加工准备**

(1) 工件的准备。

将工件去除毛刺，除磁去锈。将工件校正，使工件的一边与机床坐标轴 X 轴或 Y 轴平行。

(2) 电极的准备。

① 电极的尺寸设计。电极的尺寸设计包含垂直方向尺寸设计和水平方向尺寸设计。电极的具体形状可参考图 4-59 右边部分。

垂直方向尺寸设计：电极用来加工部分，根据经验在加工型腔深度 5 mm 的基础上需要增加 2～10 mm，本例题增加 4 mm。

水平方向尺寸设计：电极水平方向尺寸确定前，需要选取适当的电极缩放量。

本例题用一个电极同时进行粗加工和精加工。根据电极加工面积，依据表 4-2 选取电极缩放量为 0.3 mm。

② 电极的装夹、校正。根据电极的装夹、校正方法将电极装夹在电极夹头上，校正电极。

③ 电极的定位。本例题用电极感知工件定位。电极接触感知定位过程如图 4-60 所示，通常采用机床的自动找外形中心功能实现电极在工件中心的定位。

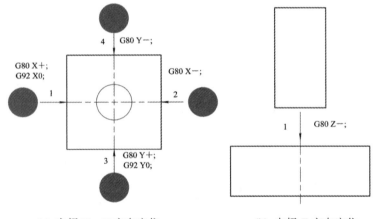

(a) 电极 X、Y 方向定位　　　　　(b) 电极 Z 方向定位

图 4-60　电极的定位

电极定位时，首先分别在 X+、X−、Y+、Y− 四个方向对电极进行感知，可以将电极定位于工件 XY 方向的中心。然后，电极通过 G80 Z− 可以实现电极在 Z 方向的定位。(思考：如何实现电极的精确定位？)

(3) 电火花成形加工条件的选择。

根据前面所述，考虑到制造公差，电极的水平方向尺寸设计为 φ19.40±0.01 mm。根据设计尺寸，实际加工出来的电极的尺寸围绕 19.40 mm 波动。现假设经测量，电极实际尺寸为 19.41 mm。下面以电极尺寸为 19.41 mm 为例，采用北京阿奇某型号机床的铜-钢标准型参数表(见表 4-5)说明电火花成形加工条件的选择。

首先确定初始加工条件。在电火花成形加工中，初始加工条件根据放电面积和电极的缩放量来综合确定。

电极放电面积(电极横截面)：$3.14 \times (1.94)^2/4 = 2.95 \ \text{cm}^2$。根据表 4-5，C129 加工条件对应的放电面积为 $2 \ \text{cm}^2$，C130 加工条件对应的放电面积为 $3 \ \text{cm}^2$。本实例电极的放电面积更接近于 $3 \ \text{cm}^2$，在考虑加工效率的情况下，应选择 C130 作为初始加工条件。

电极缩放量：$20 - 19.41 = 0.59 \ \text{mm}$。在电火花加工条件选择时，电极缩放量不小于该加工条件的安全间隙。现电极缩放量为 $0.59 \ \text{mm}$，加工条件 C130 的安全间隙为 $0.46 \ \text{mm}$。因此，初始加工条件 C130 符合要求。

综合放电面积及电极缩放量，初始加工条件选择 C130。

然后确定最终加工条件。精加工最终加工条件根据工件表面粗糙度要求来确定。本例题型腔加工的最终表面粗糙度 Ra 为 1.6 mm，由表 4-5 选择最终加工条件 C124。

表 4-5　铜-钢标准型参数表

条件号	面积/cm²	安全间隙/mm	放电间隙/mm	加工速度/(mm³/min)	损耗/%	侧面 Ra/μm	底面 Ra/μm	极性	电容	高压管数	管数	脉冲间隙/mm	脉冲宽度/mm	模式	损耗类型	伺服基准	伺服速度	极限值 脉冲间隙	极限值 伺服基准
121	—	0.045	0.040	—	—	1.1	1.2	+	0	0	2	4	8	8	0	80	8		
123	—	0.070	0.045	—	—	1.3	1.4	+	0	0	3	4	8	8	0	80	8		
124	—	0.10	0.050	—	—	1.6	1.6	+	0	0	4	6	10	8	0	80	8		
125	—	0.12	0.055	—	—	1.9	1.9	+	0	0	5	6	10	8	0	75	8		
126	—	0.14	0.060	—	—	2.0	2.6	+	0	0	6	7	11	8	0	75	10		
127	—	0.22	0.11	4.0	—	2.8	3.5	+	0	0	7	8	12	8	0	75	10		
128	1	0.28	0.165	12.0	0.40	3.7	5.8	+	0	0	8	11	15	8	0	75	10	5	52
129	2	0.38	0.22	17.0	0.25	4.4	7.4	+	0	0	9	13	17	8	0	75	12	6	52
130	3	0.46	0.24	26.0	0.25	5.8	9.8	+	0	0	10	13	18	8	0	70	12	6	50
131	4	0.61	0.31	46.0	0.25	7.0	10.2	+	0	0	11	13	18	8	0	70	12	5	48
132	6	0.72	0.36	77.0	0.25	8.2	12	+	0	0	12	14	18	8	0	65	15	5	48
133	8	1.00	0.53	126.0	0.15	12.2	15.2	+	0	0	13	14	22	8	0	65	15	5	45
134	12	1.06	0.544	166.0	0.15	13.4	16.7	+	0	0	14	14	23	8	0	58	15	7	45
135	20	1.581	0.84	261.0	0.15	15.0	18.0	+	0	0	15	16	25	8	0	58	15	8	45

因此，本例题的加工条件为：C130—C129—C128—C127—C126—C125—C124。

为了进一步理解电火花成形加工过程，下面计算每个加工条件执行完后的孔深。加工过程中，电极在深度方向有补偿，粗加工的补偿为该加工条件单边安全间隙，精加工的补偿为该加工条件的单边放电间隙，每个加工条件加工完后，型腔的实际深度如表 4-6 所示。由此可知：初始加工条件去除了工件的绝大部分加工量，最终加工条件除去的加工量也相对较大。

在实际加工中，执行初始加工条件和最终加工条件需要的时间相对较长，执行中间加工条件需要的时间相对较短。

表 4-6 加工条件与实际孔深对应表 单位：mm

项 目	加 工 条 件						
	C130	C129	C128	C127	C126	C125	C124
深度方向刀补	0.46/2	0.38/2	0.28/2	0.22/2	0.14/2	0.12/2	0.050/2
电极在 Z 方向位置	$-5+0.23$	$-5+0.19$	$-5+0.14$	$-5+0.11$	$-5+0.07$	$-5+0.06$	$-5+0.025$
单边放电间隙	0.24/2	0.22/2	0.165/2	0.11/2	0.06/2	0.055/2	0.050/2
该条件加工完后的孔深	$-5+0.23$ $-0.24/2$ $=-4.89$	$-5+0.19$ $-0.22/2$ $=-4.92$	$-5+0.14$ $-0.165/2$ $=-4.943$	$-5+0.11$ $-0.11/2$ $=-4.945$	$-5+0.07$ $-0.06/2$ $=-4.96$	$-5+0.06$ $-0.055/2$ $=-4.968$	$-5+0.025$ $-0.050/2$ $=-5$
Z 方向加工量	4.89	0.03	0.023	0.002	0.015	0.008	0.032
备注	粗加工	粗加工	粗加工	粗加工	粗加工	粗加工	精加工

在实际生产中，由于机床加工精度等因素的影响，电极的实际尺寸可能超差。若电极尺寸超差，电火花加工条件的选择原则及过程依然不变。下面以电极实际测量尺寸为 19.35 mm 为例，说明电火花成形加工条件的选择过程。

首先确定初始加工条件。

电极放电面积(电极横截面)为 $3.14 \times (1.935)^2 /4 = 2.94$ cm^2。由电极放电面积，根据表 4-5，可选择初始加工条件 C130。

电极缩放量为 $20 - 19.35 = 0.65$。由于粗加工电极缩放量不小于安全间隙，因此安全间隙应不大于 0.65 mm。根据表 4-5，初始加工条件选择 C131。

综合放电面积及电极缩放量，初始加工条件选择 C130。

然后确定最终加工条件。精加工最终加工条件根据工件表面粗糙度要求来确定。最终表面粗糙度 Ra 为 1.6 μm，由表 4-5 选择最终加工条件 C124。

因此，最终确定的加工条件为：C130—C129—C128—C127—C126—C125—C124。

(4) 生成 ISO 代码。

当电极直径为 19.41 mm 时，其程序如下：

停止位置=1.000 mm

加工轴向=Z-

材料组合=铜-钢

工艺选择=标准值

加工深度=5.000 mm

尺 寸 差=0.590 mm

粗 糙 度=1.600 μm   方式=打开   型腔数=0

投影面积=3.14 cm^2 自由圆形平动 平动半径 0.295 mm

T84；(液泵打开)

G90；(绝对坐标系)

G30 Z+；(设定抬刀方向)

H970=5.0000；(machine depth) (加工深度值，便于编程计算)

H980=1.0000；(up-stop position) (机床加工后停止高度)

G00 Z0＋H980；(机床由安全高度快速下降定位到 Z=1 的位置)

M98 P0130；(调用子程序 N0130)

M98 P0129；(调用子程序 N0129)

M98 P0128；(调用子程序 N0128)

M98 P0127；(调用子程序 N0127)

M98 P0126；(调用子程序 N0126)

M98 P0125；(调用子程序 N0125)

M98 P0124；(调用子程序 N0124)

T85 M02；(关闭油泵，程序结束)

；

N0130；

G00 Z+0.5；(快速定位到工件表面 0.5 mm 的地方)

C130 OBT001 STEP0065；(采用 C130 条件加工，平动量为 65 μm)

G01 Z+0.230-H970；(加工到深度为 −5+0.23=−4.77 mm 的位置)

M05 G00 Z0+H980；(忽略接触感知，电极快速抬刀到工件表面 1 mm 的位置)

M99；(子程序结束，返回主程序)

；

N0129；

G00 Z+0.5；(快速定位到工件表面 0.5 mm 的地方)

C129 OBT001 STEP0143；(采用 C129 条件加工，平动量为 143 μm)

G01 Z+0.190-H970；(加工到深度为 −5+0.19=−4.81 mm 的位置)

M05 G00 Z0+H980；(忽略接触感知，电极快速抬刀到工件表面 1 mm 的位置)

M99；

；

N0128；

G00 Z+0.5；

C128 OBT001 STEP0183；(采用 C128 条件加工，平动量为 183 μm)

G01 Z+0.140-H970；(加工到深度为 −5+0.14=−4.86 mm 的位置)

M05 G00 Z0+H980；

M99；

；

N0127；

G00 Z+0.5；

C127 OBT001 STEP0207；(采用 C127 条件加工，平动量为 207 μm)

G01 Z+0.15-H970；(加工到深度为 −5+0.11=−4.89 mm 的位置)

M05 G00 Z0+H980；

M99；

;

N0126；

G00 Z+0.5;

C126 OBT001 STEP0239；(采用 C126 条件加工，平动量为 239 μm)

G01 Z+0.070-H970；(加工到深度为−5+0.07=−4.93 mm 的位置)

M05 G00 Z0+H980；

M99；

;

N0125；

G00 Z + 0.5;

C125 OBT001 STEP0247；(采用 C125 条件加工，平动量为 247 μm)

G01 Z + 0.060-H970；(加工到深度为−5+ 0.06 = −4.94 mm 的位置)

M05 G00 Z0 + H980；

M99；

;

N0124；

G00 Z + 0.5;

C125 OBT001 STEP0270；(采用 C124 条件加工，平动量为 270 μm)

G01 Z + 0.025-H970；　(加工到深度为−10 + 0.025 = −4.975 mm 的位置)

M05 G00 Z0 + H980；

M99；

> 加工

启动机床进行加工。仔细分析表 4-6 可知：

(1) 初始加工条件几乎去除了整个加工量的 99%，因此该段的加工效率要高。

(2) 与中间其他加工条件 C129、C128、C127、C126、C125 相比，最终加工条件 C124 的加工余量(深度方向为 0.032 mm)很大，同时由于 C124 为精加工条件，加工效率最低，因此最终加工条件加工的时间较长。

(3) 在实际加工中，利用初始加工条件加工与最终加工条件加工所花费的时间长，初始加工条件加工时间长的原因是需要用该条件去除几乎 99%的加工量；最终加工条件加工时间长的原因是加工余量相对较大，且加工效率低。

根据上述分析，若粗加工阶段加工深度没有加工到位，则精加工(最终加工条件)阶段所花费的时间就很长。因此，在实际加工中应尽可能使前面那些加工条件的加工深度在精加工能修光的情况预留更少的加工量。

在电火花成形加工中，为了保证精度，通常使用百(千)分表或者基准球进行在线测量。使用百分表测量时，首先将百分表底座固定在机床主轴上，转动百分表刻度盘，使百分表指针指向 0 刻度(其目的是便于记忆)，然后缓慢降低 Z 轴，使百分表指针转动整数圈(如半圈)，并确保百分表的测头充分接触到工件的上表面，如图 4-61(a)所示，记下机床 Z 轴坐标；然后将百分表抬起，移动机床 XY 轴，将百分表移动到已加工的型腔中心。再次下降 Z 轴，使百分表指针转动与刚才相同的整数圈，如图 4-61(b)所示，记下此时机床 Z 轴坐标。两次 Z 轴坐标的差值即为型腔的深度。

(a)　　　　　　　　　　　　　　　　　(b)

图 4-61　工件深度的在线测量

思考： 在上面的在线测量中，前后两次机床 Z 轴下降过程中，为什么要保证百分表指示针转动的圈数相同？

4.4　现代电火花成形加工技术

4.4.1　先进电火花成形机床操作功能

随着技术的不断进步，现代电火花成形机床的操作变得日益智能化和自动化，从而极大地提升了电火花成形加工的生产效率。

1. 电火花成形机床操作系统的智能化

在电火花成形加工中，型腔的加工形状、面积和深度存在差异，同时电极材料和工件材料也各异，电极损耗、加工精度、加工速度以及表面粗糙度等要求也不一样。这些因素共同影响着电火花成形加工参数的选择，因此，需要根据具体情况进行相应的优化。这种差异性要求对操作人员的技能提出了较高的要求。随着科技的不断发展，现代电火花成形机床已经开发出了加工参数"专家系统"。图 4-62 为 GF 公司某型号电火花成形机床 EDM 专家系统的设定界面。只需按照操作标准简单地选择或输入相关的加工信息，机床就能自动生成优化的加工条件。这一智能化进步使得在无需丰富经验的情况下，实现了加工过程的优化，显著地降低了机床对操作人员技能的要求。

2. 电火花成形机床操作系统的自动化

在具备电极库和标准电极夹具的情况下，只需在加工前将电极装入电极库，编写好加工程序，整个加工过程就能够自动执行，几乎无须进行人工操作。机床的自动化运转降低了操作人员的劳动强度，同时提高了生产效率。以图 4-63 中的零件加工图为例，需要完成两个相同的矩形型腔和圆形型腔的加工任务。在机床操作系统的"工件"页面(见图 4-64)中，记录了工件基准坐标值 X0、Y0、Z0 的机械坐标值。而"型腔"页面(见图 4-65)则用于设定型腔相对于工件基准坐标的偏移位置(XC、YC、ZC)。通过设置不同型腔的偏移位置，在加工中，当一个型腔加工完成后，电极会自动移动到下一个型腔的加工位置，从而实现自动连续加工。

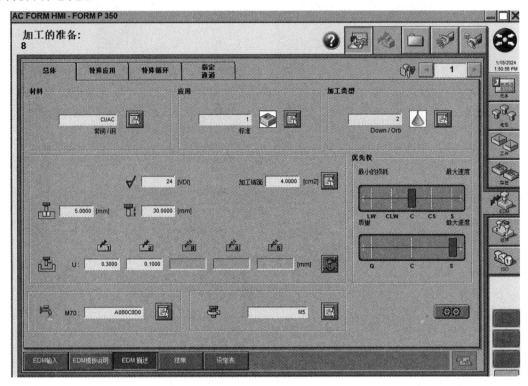

图 4-62　加工参数专家系统

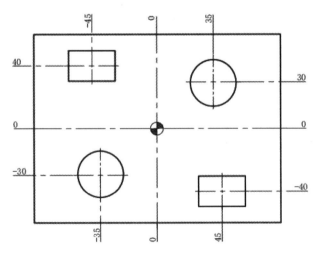

图 4-63　加工零件图

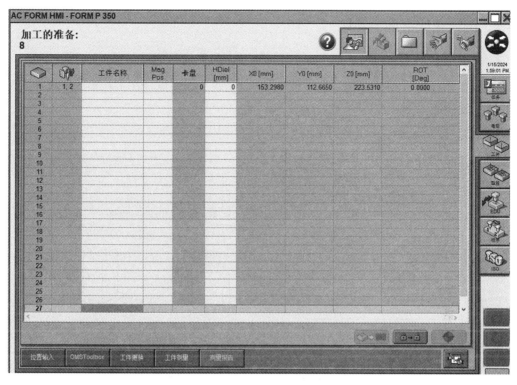

图 4-64　工件基准坐标

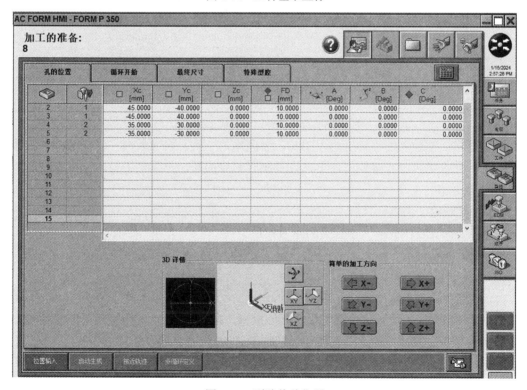

图 4-65　型腔偏移位置

4.4.2　电火花成形加工实例

1. 盲孔型腔加工实例

图 4-66 所示为盲孔型腔电火花成形加工图,用两个紫铜电极在工件不同位置加工两个形状相同的型腔。

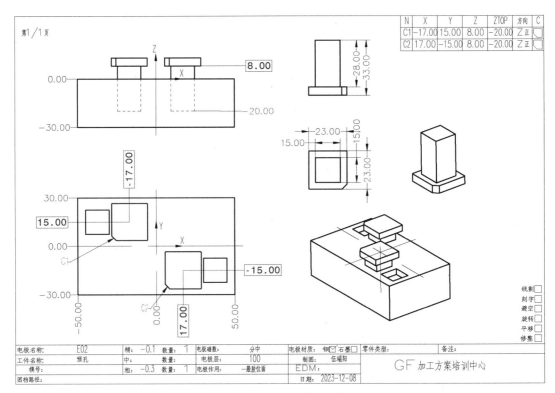

图 4-66　盲孔型腔电火花成形加工图

加工要求:型腔表面粗糙度为 VDI20,表面均匀一致,尺寸精度±0.005 mm;追求高效率加工,允许电极有正常损耗,不允许目测有明显损耗;不需要用显微镜检查品质。

1) 工件准备

(1) 工件除磁、去锈;

(2) 将工件安装在机床工作台面的磁力吸盘上;

(3) 对工件进行校正。

2) 电极准备

(1) 电极去毛刺;

(2) 用三坐标测量电极,确定电极实际缩放量,即(型腔尺寸 − 电极实际测量值)/2。实测粗加工电极单边缩放量为 0.295 mm,精加工电极单边缩放量为 0.101 mm。

3) 加工编程

使用设备:GF 公司 FORM P350 精密电火花成形机床。使用机床的 AC FORM HMI 人机界面进行自动编程。

编程时，先定义"任务"清单，然后分别描述"任务"的要素：电极、工件、型腔、EDM、顺序。机床最终根据这些"任务"要素生成 ISO 程序。

图 4-67 是 AC FORM HMI 的主页，输入程序名称"Cavity"，进入系统"任务"清单项(见图 4-68)，在"任务"清单项中定义加工信息：1 组形状，使用 1 号、2 号 2 个电极，加工 1 号工件，1 号、2 号 2 个型腔位置，2 个加工通道。

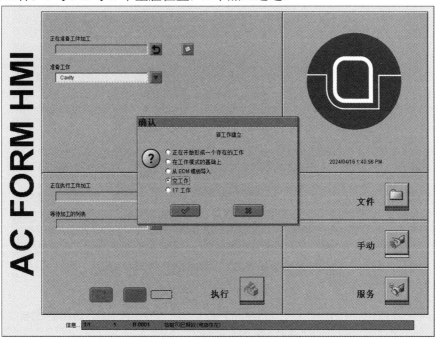

图 4-67　AC FORM HMI 主页

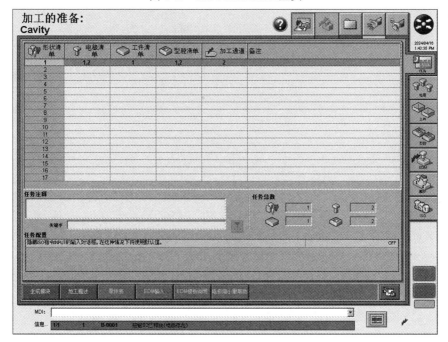

图 4-68　"任务"清单项

　　进入"电极"项(见图 4-69),"电极"项用于定义电极的电极缩放量和电极偏移量。测头对基准球分中、对深度方向进行感知,电极对基准球分中、对深度方向进行感知的操作在此页完成。

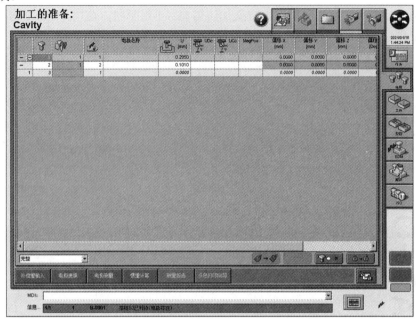

图 4-69　"电极"项

　　"工件"项(见图 4-70)用于定义工件的零点,工件零点记忆的是机械坐标值。测头对工件分中、对深度方向进行感知的操作在此页完成。

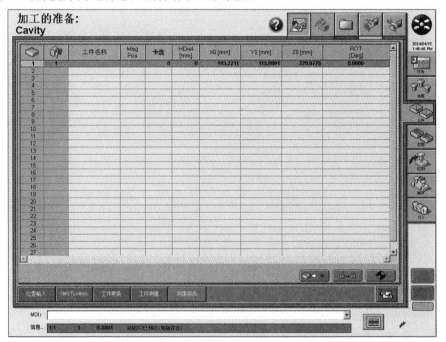

图 4-70　"工件"项

"型腔"项(见图 4-71)用于定义型腔的坐标位置。根据 4-67 型腔电火花成形加工图，输入加工型腔相对于基准位置 X 与 Y 方向的偏移量、开始放电时 Z 的位置、加工的最终尺寸 Zf，如图 4-71 所示。

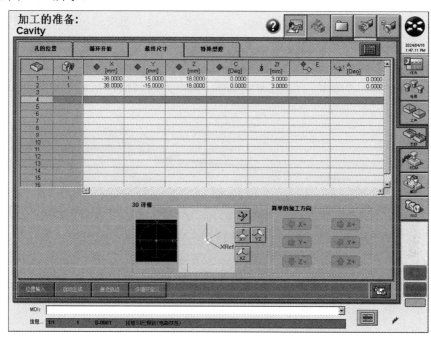

图 4-71　"型腔"项

"EDM"项(见图 4-72)是机床的专家系统，编程过程中输入相关信息，系统即可自动生成粗、精加工的加工参数，极大地降低了对操作人员加工经验的依赖。

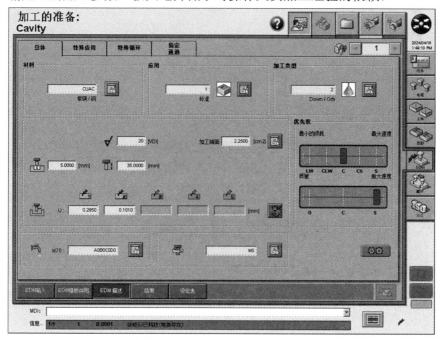

图 4-72　"EDM"专家系统设定

　　"材料"默认为紫铜-钢，"应用类型"默认为标准，"表面粗糙度"设定为 VDI20，"加工端面"设定面积为 2.25 cm²(单击设定处，输入长、宽后，系统自动计算得出面积)，加工深度输入 5 mm，"电极长度"输入 35 mm，"电极缩放量"单击调取图标自动导入，"加工类型"默认为 Down/Orb，"优先权"处，最小的损耗-最大速度挡位处选择居中，质量-最大速度挡位处选择最大速度。

　　通过输入以上加工信息，单击生成键后，"EDM"专家系统即可生成所有的加工参数。页面跳转进入"结果"页(见图 4-73)。在该页面要输入粗、精电极深度方向的缩放量。

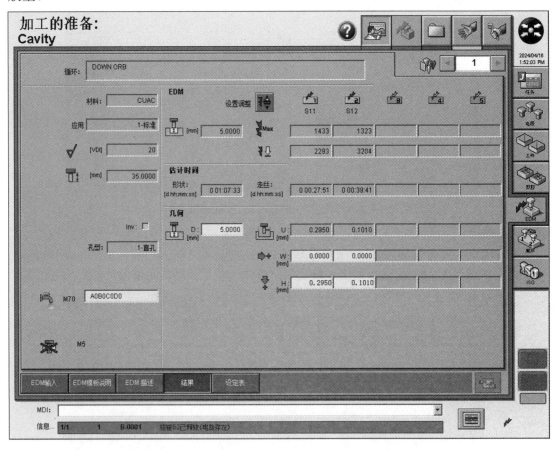

图 4-73　"结果"页

　　可以切换至"设定表"页(见图 4-74)，其中图 4-74(a)为粗加工参数表，图 4-74(b)为精加工参数表。设定表中的留量、峰值电流 I、脉冲宽度 T、脉冲间隔 P、伺服基准 COMP、放电时间 TEROS、波形模式 MODE、电压 U 等参数的配置，是根据定义的加工策略获得的优化参数。这种智能的 EDM 专家系统加工适应性强，面对复杂多变的实际生产，相比普通的数控电火花成形机床可以发挥出明显的优势。

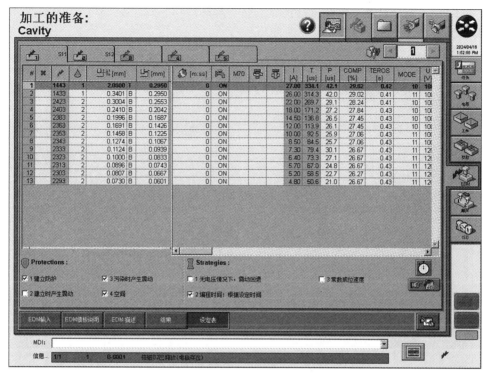

(a) 粗加工参数表

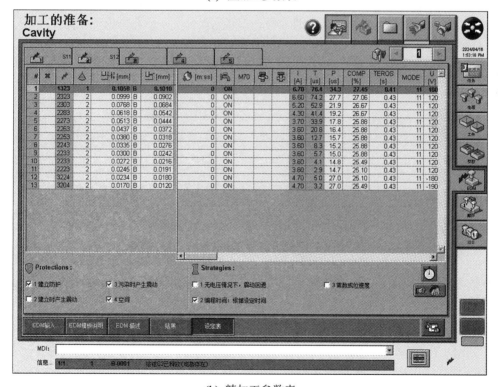

(b) 精加工参数表

图 4-74　粗、精加工参数"设定表"页

"顺序"项用于对加工顺序进行定义，然后机床即可自动生成 ISO 程序(见图 4-75)。在绝大多数情况下，ISO 程序无须修改即可执行。

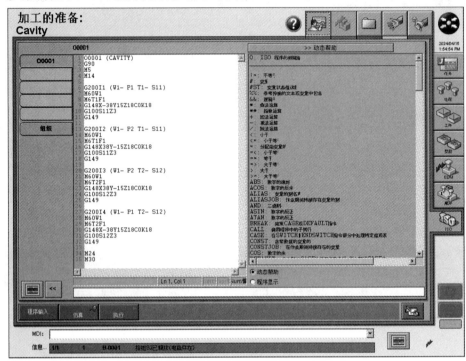

图 4-75 "ISO"项

4) 电极定位

采用基准球测量的定位方法的操作过程如图 4-76 所示。

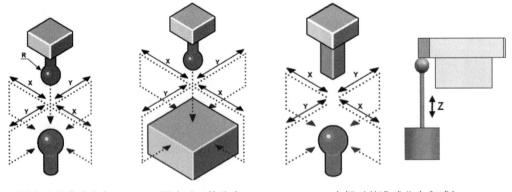

(a) 测头对基准球分中　　(b) 测头对工件分中　　(c) 电极对基准球分中和感知

图 4-76 使用基准球进行工件定位

5) 要点分析

(1) VDI 标准与 Ra 对照。

本实例在"EDM"专家系统设定表面粗糙度时选择 VDI20。VDI 是欧洲表面粗糙度的一种参照标准，在国内的许多工厂中，电火花成形加工也经常采用这一标准。其与 Ra 的对照关系如表 4-7 所示。

表 4-7　VDI 标准与 *Ra* 对照表

VDI	*Ra*/μm	VDI	*Ra*/μm	VDI	*Ra*/μm	VDI	*Ra*/μm
0	0.1	12	0.4	24	1.6	36	6.3
1	0.112	13	0.45	25	1.8	37	7
2	0.126	14	0.5	26	2	38	8
3	0.14	15	0.56	27	2.2	39	9
4	0.16	16	0.63	28	2.5	40	10
5	0.18	17	0.7	29	2.8	41	11.2
6	0.2	18	0.8	30	3.2	42	12.6
7	0.22	19	0.9	31	3.5	43	14
8	0.25	20	1	32	4	44	16
9	0.28	21	1.12	33	4.5	45	18
10	0.32	22	1.26	34	5		
11	0.35	23	1.4	35	5.6		

(2) 起始放电能量的控制。

本实例属于盲孔型腔加工，由于需要大量去除材料，因此放电的起始能量对加工效率有着显著的影响。如果选择的起始放电能量较小，将导致加工效率较慢。

在编程中，EDM 专家系统的"优先权"质量-最大速度挡位提供了调节起始放电能量的功能。当标尺位于最大速度侧时，机床会选择在电极缩放的情况下允许的最大放电能量。而如果将标尺拖动至质量侧，则会降低起始放电能量。对于需要检查型腔口部炸伤的加工场合，应选择质量挡位。考虑到本实例追求高效率，且不需要用显微镜检查品质，很显然应该选择最大速度挡位。

(3) "指定通道"功能。

本实例的加工要求旨在追求高效率，允许电极正常损耗，但不允许目测出现明显的损耗。具体而言，要在维持电极适度损耗的前提下，尽可能实现更高的加工效率。在上述编程中，EDM 专家系统中的"优先权"最小损耗-最大速度挡位采用的是居中的策略。然而，按照这种加工策略，由于考虑了电极损耗，实际上并没有达到最优的加工效率；如果选择最大加工速度挡位，虽然可以实现最大化的加工效率，但电极损耗又会偏大。

针对这类加工情况，机床 EDM 专家系统提供了"指定通道"功能，如图 4-77 所示。该功能将一个电极的加工过程划分为起始段和精修段，操作人员可以为这两个段落分别指定不同的加工策略。此外，还可以为不同的电极单独指定不同的加工策略。使用该功能后，页面上"指定通道"标签会以黄色高亮显示，提醒操作人员加工策略以该功能的选择为准。值得注意的是，在应用该功能后，"总体"页面中最小损耗-最大速度挡位的优先权将失效。

由于使用了两个电极，本实例可以分别采用不同的加工策略，如图 4-78 所示。对于粗加工，由于需要大量去除材料，可倾向于选择高效率的加工策略，但需要注意粗加工起始段的损耗不宜过大，以避免为精加工阶段留下过多余量，因此，可以选择第 4 挡加工策略。至于粗加工电极的精修段，则可以采用最大速度挡位，因为在这个阶段相对损耗已经相对较小。对于精加工电极，其起始段可选择低损耗策略，因为此时材料余量并不多，采用低损耗策略不会明显降低加工效率，同时有助于保护电极的尖角。而精加工电极的精修段则可采用最大速度来提高加工效率，因为在这个阶段的相对损耗已经不大。

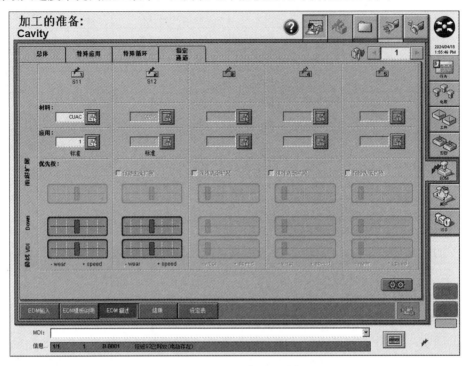

图 4-77　"指定通道"功能

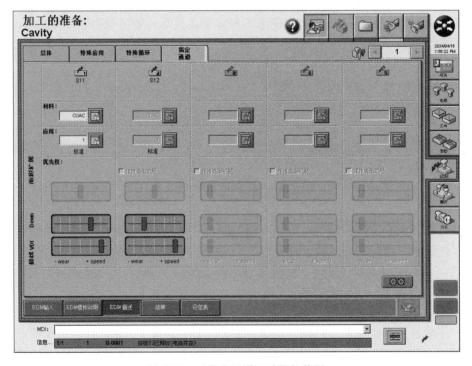

图 4-78　"指定通道"功能的使用

(4) "设定表"加工参数(见图 4-79)。

#	✖	🖊	🔺	↧H↥[mm]		↧↥[mm]		🕐[m:ss]	🔧	M70	📦	📦	I[A]	T[us]	P[us]	COMP[%]	TEROS[s]	MODE	U[V]
1		1443	1	2.0000	T	0.2950		0	ON				27.00	334.1	42.1	29.02	0.42	10	100
2		1433	1	0.3401	B	0.2950		0	ON				26.00	314.3	42.0	29.02	0.41	11	100
3		2423	2	0.3004	B	0.2553		0	ON				22.00	269.7	29.1	28.24	0.41	10	100
4		2403	2	0.2410	B	0.2042		0	ON				18.00	171.2	27.2	27.84	0.43	10	100
5		2383	2	0.1996	B	0.1687		0	ON				14.50	136.8	26.5	27.45	0.43	10	100
6		2363	2	0.1691	B	0.1426		0	ON				12.00	113.9	26.1	27.45	0.43	11	100
7		2353	2	0.1458	B	0.1225		0	ON				10.00	92.5	25.9	27.06	0.43	11	100
8		2343	2	0.1274	B	0.1067		0	ON				8.50	84.5	25.7	27.06	0.43	11	100
9		2333	2	0.1124	B	0.0939		0	ON				7.30	79.4	30.1	26.67	0.43	11	120
10		2323	2	0.1000	B	0.0833		0	ON				6.40	73.3	27.1	26.67	0.43	11	120
11		2313	2	0.0896	B	0.0743		0	ON				5.70	67.0	24.8	26.67	0.43	11	120
12		2303	2	0.0807	B	0.0667		0	ON				5.20	58.5	22.7	26.27	0.43	11	120
13		2293	2	0.0730	B	0.0601		0	ON				4.80	50.6	21.0	26.67	0.43	11	120
		①	②	③	④	⑤							⑥			⑦			

图 4-79　"设定表"加工参数

图 4-79"设定表"中的加工参数①～⑦各项含义如下：

①——放电条件号：条件号由 4 个数组成。第一个数字是 1 或 2，1 代表此条件为不平动的放电参数，2 代表平动的放电参数；中间 2 个数字代表 VDI，条件号依次从大到小；最后一个数字代表加工策略，2 为低损耗，3 为标准值，4 为高效率。

②——平动控制：1 代表关闭平动功能，2 代表使用平动功能。

③④——底部留量控制：T 代表从型腔顶部 0 位计算，为加工深度的意思，如 0.923 T，代表加工至 0.923 mm 处；B 代表从型腔底部计算，为预留量的多少，如 0.3253 B，代表预留 0.3253 mm。

⑤——侧面预留量：侧面预留的加工量。

⑥——峰值电流与脉冲宽度：I 为峰值电流，T 为脉冲宽度，这两个参数直接决定了放电加工能量的大小。

⑦——其他放电参数：

P 为脉冲间隔，脉冲间隔是保证加工稳定性的一个重要参数。脉冲间隔越长，加工过程中的排屑性能越好。脉冲间隔直接影响加工速度，将其大幅度调大会使加工速度显著降低。

COMP 为伺服基准，伺服基准参数允许改变工件和电极间的距离。将伺服基准参数调小，电极与工件之间的距离会增加，有利于加工屑的排出，但加工速度会有所降低。将伺服基准参数增大，电极与工件之间的距离会减小，不利于加工屑的排出，但加工速度会有所增加。因此，在加工条件困难、大电极精加工、不稳定的冲液、大深度的放电加工等情况下，要减小伺服基准参数。

TEROS 为放电时间，放电时间参数控制放电中电极持续放电时间的长短，此参数的设置会受到脉冲类型的影响。

MODE 为放电模式，用该参数可以更改当前脉冲的波形。通常粗加工使用模式 10，精加工使用模式 11。模式 11 时电极的损耗比模式 10 要大。

2. 预孔型腔加工实例

图 4-80 所示为预孔电火花成形加工图,用 2 个紫铜电极(粗加工电极单边缩放量为 0.3 mm，精加工电极单边缩放量为 0.1 mm)在工件不同位置加工两个形状相同的型腔。与实例 1 不同的是，该型腔在加工前有预铣，单边留有余量约 0.15 mm，拐角处的圆角需要清角。

加工要求：型腔表面粗糙度为 VDI22，表面均匀一致，尺寸精度为±0.015 mm；追求

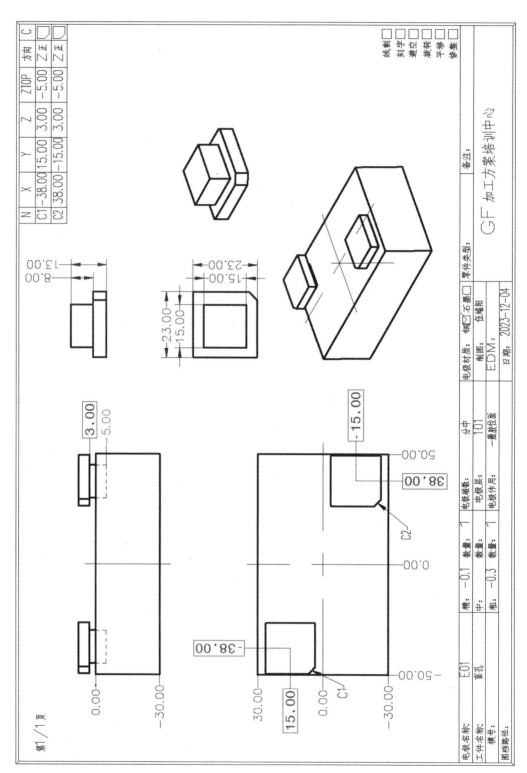

N	X	Y	Z	ZTOP	方向	C
C1	-38.00	15.00	3.00	-5.00	Z正	
C2	38.00	-15.00	3.00	-5.00	Z正	

GF 加工方案培训中心

图 4-80　预孔电火花成形加工图

高效率加工，允许电极有正常损耗，不允许目测有明显损耗；不需要用显微镜检查品质。

本加工实例的工件准备、电极准备、加工编程与实例 1 基本相同，下面仅对该实例的不同之处和加工要点进行分析。

1) "型腔预铣"功能

在本实例的加工编程中，若采用与实例 1 相同的 EDM 专家系统设置，系统将视为盲孔型腔加工，由于该类型加工的材料去除量较大，粗加工会使用较大的起始电流。然而，实际情况是，本实例的型腔已经预铣加工，电极仅需加工微小的侧壁和型腔残余圆角，实际材料去除量很有限，若选择较大电流进行加工，将导致电极角部发生异常损耗。这是由紫铜电极的电流承受密度所决定的，对于小面积的加工，不宜采用较大电流，否则可能引起集中放电，从而烧伤电极。因此，对于有预铣的型腔，应当降低粗加工的起始电流，以避免对电极造成不必要的损耗。

针对这类加工情况，机床 EDM 专家系统在"特殊应用"选项下提供了"型腔预铣加工"功能，如图 4-81 所示。使用该功能时需勾选，并输入型腔侧面和底面的预留量。在本案例中，型腔侧面的预留量 I 为 0.4 mm，型腔底面的预留量 f 为 0.1 mm。需要注意的是，I 的数值需考虑电极缩放量。使用了该功能后，生成的粗加工放电参数如图 4-82 所示。值得注意的是，通过智能优化，粗加工起始段使用的峰值电流仅为 10.5 A。这表明系统在考虑了型腔预铣的情况下，智能地优化了加工参数，在保证加工效率的前提下避免了电极的异常损耗。

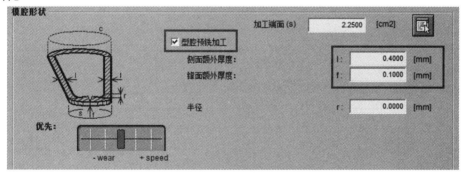

图 4-81　"型腔预铣加工"功能

#	✱	🔧	♨	⊔⊔Ḧ [mm]	⊔⊔⊔ [mm]	🕐 [m:ss]	💨	M70	🔩	🔲	I [A]	T [us]	P [us]	COMP [%]	TEROS [s]	MODE	U [V]
1	1353	1		0.1704 B	0.1410	0	ON				10.50	103.3	55.5	25.49	0.36	11	100
2	2343	2		0.1648 B	0.1311	0	ON				9.50	86.0	35.0	25.10	0.47	11	100
3	2324	2		0.1267 B	0.1006	0	ON				7.50	60.9	26.8	25.10	0.47	11	120
4	2314	2		0.1017 B	0.0806	0	ON				6.20	47.1	22.4	24.71	0.47	11	120
5	2294	2		0.0842 B	0.0665	0	ON				5.40	36.3	19.8	26.27	0.47	11	120

图 4-82　粗加工放电参数

2) 规范使用专家系统

从本加工实例可以得出结论，在使用机床的 EDM 专家系统进行编程时，关键是要深入了解机床的各项功能，并严格按照规范进行操作。只有将与加工相关的信息和要求准确、全面地输入专家系统，系统才能生成优化的加工参数，并顺利实现加工目标。

3. 浇口加工实例

图 4-83 所示为浇口电火花成形加工图，用 2 个紫铜电极(粗加工电极单边缩放量为

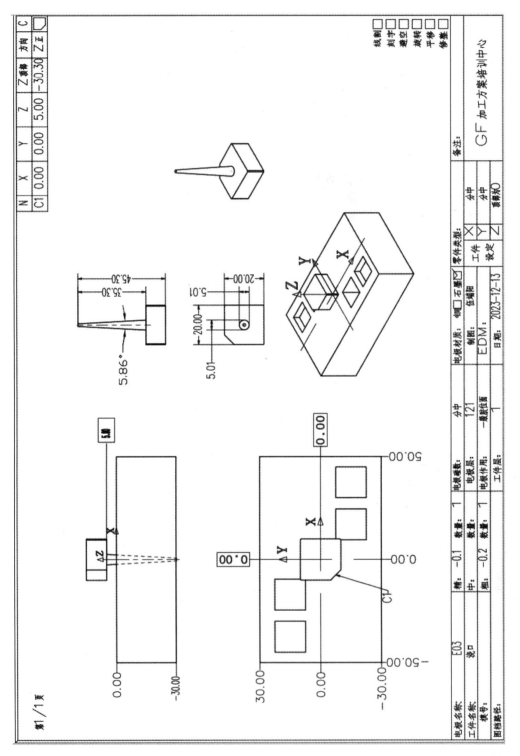

图 4-83　浇口电火花成形加工图

0.2 mm，精加工电极单边缩放量为 0.1 mm)在工件中心位置加工一个浇口形状型腔。该浇口型腔属于盲加工，底部直径为 1.43 mm，单边角度为 2.93°。

加工要求：型腔表面粗糙度为 VDI18，表面均匀一致，尺寸精度为 ±0.01 mm；追求高效率加工，允许电极有正常损耗，不允许目测有明显损耗；不需要用显微镜检查品质。

以下对该实例的加工要点进行分析。

1) 锥度型腔的加工方法

本实例的浇口加工，其中最显著的特征之一是电极带有锥度。在加工的起始阶段，由于放电面积较小，不宜采用大电流进行加工，否则会导致电极损耗加大，甚至产生积碳现象。然而，随着加工深度的逐渐增加，实际放电面积不断扩大，则可以适度加大电流，以提升整体加工效率，如图 4-84 所示。

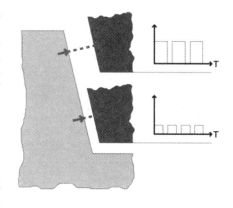

EDM 专家系统充分考虑了锥度型腔的特点，会自动生成优化的加工参数。本实例的 EDM 描述页面设定如图 4-85 所示，在"加工端面"中，选择型腔的类型为"锥度"，然后输入型腔的直径和

图 4-84　锥度型腔的起始电流分段

角度即可，如图 4-86 所示。生成的加工参数如图 4-87 所示，专家系统将起始放电分成了 8 段深度，起始放电峰值电流仅为 6.3 A，随着深度的增加峰值电流增大至 13 A。这种工艺方法大幅度提高了电火花成形加工的效率。

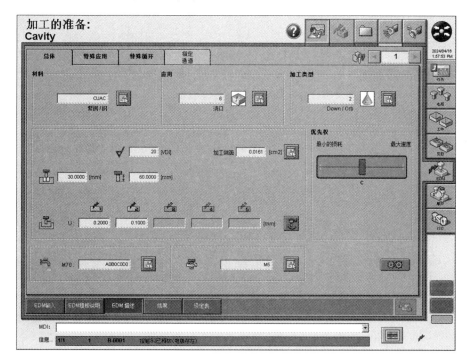

图 4-85　EDM 描述

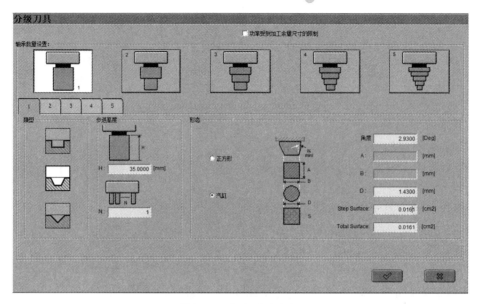

图 4-86　锥度型腔定义

#	✖	✎	◭	⊔H↑[mm]	⊔↓[mm]	⊙[m:ss]	▤	M70	▥	▤	I[A]	T[us]	P[us]	COMP[%]	TEROS[s]	MODE	U[V]
1	1303	1	1.4000 T	0.0000		0	ON				6.30	75.0	27.0	29.00	0.40	8	160
2	1313	1	3.2000 T	0.0000		0	ON				7.10	87.0	32.0	29.00	0.40	10	160
3	1323	1	6.9000 T	0.0000		0	ON				8.00	100.0	37.0	29.00	0.40	10	160
4	1333	1	10.1000 T	0.0000		0	ON				9.00	116.0	100.0	29.00	0.40	10	160
5	1343	1	12.9000 T	0.0000		0	ON				10.00	133.0	100.0	29.00	0.40	10	160
6	1353	1	17.8000 T	0.0000		0	ON				11.50	133.0	100.0	29.00	0.40	10	160
7	1363	1	25.8000 T	0.0000		0	ON				13.00	154.0	116.0	29.00	0.40	10	160
8	1353	1	0.2450 B	0.1953		0	ON				11.50	133.0	100.0	29.00	0.40	10	160
9	2343	2	0.1892 B	0.1528		0	ON				10.00	133.0	75.0	25.10	0.40	11	160
10	2323	2	0.1320 B	0.1056		0	ON				8.00	65.0	75.0	25.10	0.40	11	160
11	2303	2	0.0981 B	0.0737		0	ON				6.30	37.0	75.0	25.10	0.40	11	160
12	2283	2	0.0656 B	0.0525		0	ON				4.80	21.0	75.0	25.10	0.40	11	160

图 4-87　锥度型腔加工参数

2) 高速抬刀

本例加工在自动编程的专家系统中选择的应用类型为"浇口"。选择浇口应用类型后，机床将以高速 Z 轴抬刀来有效排屑，在提高加工效率的同时，避免了放电不稳定、积碳等不良现象，有效保证了型腔侧面的形状精度，如图 4-88 所示。

(a) 未使用高速抬刀技术的加工　　　　(b) 使用高速抬刀技术的加工

图 4-88　Z 轴高速抬刀技术的优势

4.4.3　微细电火花成形加工技术

如今，从通信产品到智能汽车制造，人们身处在一个互联的世界之中，电子设备越来越灵巧。而制造电子设备需要用到高性能、高质量的电子元器件，目前这些电子元器件的微型化已达到了 mm^3 级的水平(见图 4-89)，这就要求模具制造业不断朝高精密、微细化的方向发展。

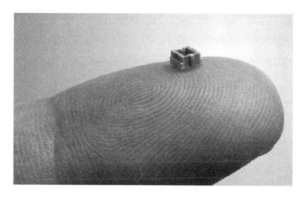

图 4-89　微型化的电子元器件

显而易见，对于精密微细型腔、窄缝、沟槽、拐角等加工，电火花成形加工与生俱来具有以柔克刚的独特优势，如图 4-90 所示。同时，随着高速铣削技术的不断进步，铣削微细电极更加容易，更能保证电极的高精度，这样就使得电火花成形加工在精密微细零件加工领域的空间更为广阔，发挥着越来越重要的作用。

图 4-90　电火花成形加工在微细领域的应用

以电子接插件模具零件为例，电火花成形加工的要求日益严苛，主要体现在以下几方面：

(1) 尽可能小的内角半径。大部分接插件的清角要求小于 0.03 mm，有些高精密接插件甚至要求达到微米级。这就要求电火花成形加工能实现极低的电极损耗，甚至是零损耗，在精加工中能有效地保护电极的尖角不受放电破坏。

(2) 表面粗糙度 Ra 为 0.8 μm(VDI18)以下，有的微细加工要求 Ra 为 0.1 μm(VDI1)，表面均匀一致。

(3) 加工尺寸配合应严丝合缝，公差要求 ±2～±5 μm，要求具有批量的稳定性。

(4) 棱边清晰，严格控制边缘炸伤，炸边值要求为 3～20 μm。这就要求在电火花粗加工中不能使用过大的能量，从而限制了加工效率。

(5) 电极缩放量一般小于等于 0.05 mm，要求在避免炸边的前提下，尽可能提升加工效率，这就需要操作人员具备一定的生产实践经验与细节把控能力。

1. 精密电子接插件模具零件加工实例

图 4-91 所示工件为精密电子接插件模具零件，工件上有 5 条微细的槽，槽的长度为 3 mm，宽度为 0.16 mm，深度为 0.185 mm。显而易见，这种极窄槽的加工属于微细加工范畴，使用精密电火花成形机床来加工完成。

图 4-91　精密电子接插件模具零件

1) 工件准备

(1) 工件材料：Assab VIKING 预硬料。

(2) 电火花成形加工要求：清角小于 8 μm，尺寸精度为 ±3 μm，炸边小于 10 μm，表面粗糙度 Ra 为 0.1 μm，所有指标均需经显微镜放大 200 倍来检查微观情况。

2) 电极准备

电极如图 4-92 所示，设计为一个整体电极，加工中通过移位来实现粗、精工艺的转换。

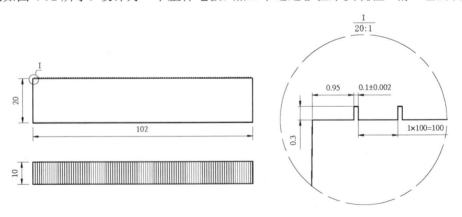

图 4-92　电极图纸

(1) 电极材料。该电极材料选用紫铜。从理论上讲，选用铜钨作为电极材料能实现更低的电极损耗，但对于这种微小清角的电极来说，使用铜钨材料会使得电极铣削变得更加困难。虽然紫铜电极的损耗会偏大一些，但使用整体电极可以方便地通过移位来增加电极数量以弥补电极损耗。实际生产中，有的工厂使用石墨(或者含铜石墨)作为微细加工电极材料，因为石墨电极铣削后不会产生毛刺，这是它的显著优势，而紫铜电极的铣削只能做到尽量避免或者减少毛刺，最终还是要依赖人工全面检查或处理。使用石墨的电极损耗大于紫铜，但只要使用合理数量的电极以弥补电极损耗，同样可以获得完美的零件。

(2) 电极制作要求。工件上的槽宽 0.16 mm，电极缩放量取单边 0.03 mm，因此电极齿宽为 0.1 mm。电极的铣削具有一定的挑战，务必保证电极的清角小于 5 μm，电极尖角部位不能有毛刺、塌角，确保轮廓完整清晰(图 4-93 是电极不良的现象)，尺寸精度为±2 μm。合格的电极务必经过显微镜的全面检查，没有毛刺、塌角，这是精密微细加工极其重要的前提。

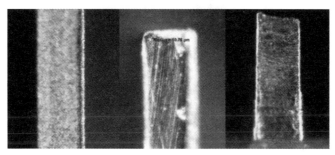

图 4-93　显微镜下检查的电极不良现象

使用 System 3R 夹具装夹电极毛坯料，用高精密高速加工中心来铣削电极。

3) 电火花成形加工工艺分析

由于零件的清角加工要求小于 8 μm，对于这样严苛的要求，必须使用足够的电极数量来弥补加工中的电极损耗，通过移位 5 次来实现粗、精加工，也就相当于使用了 5 个电极。每个电极有不同的加工目的：第 1 个电极的加工目的是确保在不会产生炸边的情况下，尽可能高速去除材料，第 2 个或第 3 个电极确保型腔尺寸加工到位，第 4 个或第 5 个电极用来实现清角加工。

4) 电火花成形加工编程

(略)

5) 加工结果

(1) 清角：使用高倍显微镜将工件的型腔放大 200 倍，检查顶面和底面的清角值，如图 4-94 所示。顶面最大清角为 6.84 μm，底面最大清角为 5.68 μm，符合加工要求。

图 4-94　200 倍显微镜下顶面和底面的清角与尺寸状况

(2) 尺寸精度：如图 4-94 所示，槽宽 157.55 μm，符合加工要求。

(3) 炸边：如图 4-95 所示，使用高倍显微镜将型腔放大 200 倍，最大炸边值为 5.89 μm，符合加工要求。

图 4-95　200 倍显微镜下炸边状况

(4) 表面粗糙度：由于型腔太小，无法使用表面粗糙度测量仪测量表面的 Ra 值。可以使用高倍显微镜将型腔放大，对比标准表面进行检查。检查型腔底面与侧面，如底面与侧面是否均匀一致，表面有无积碳、针孔等异常问题。表面放大 200 倍后的状况如图 4-96 所示，符合加工要求。

图 4-96　200 倍显微镜下表面状况

2. 精密微细加工技术控制要点

1) 精密微细加工对机床的要求

使用机床进行加工，加工精度无法超越机床精度。对于精密微细零部件的电火花成形加工，一般电火花成形机床难以胜任。精密电火花成形机床在结构的力学性能、主轴和工作台的各种几何精度方面应满足高精度要求，机床的自动定位能保证高精度的定位。机床脉冲电源的放电加工性能特别重要，要想尺寸精、轮廓清，就要求放电间隙很小，在小间隙加工条件下能实现稳定加工。精加工中电极损耗极小，精加工电路满足镜面加工要求，能加工出高品质的表面。高性能的伺服控制系统能把加工深度误差控制在最小限度从而达到高精度加工。精加工中丰富的平动方式用来精确地补偿型面轮廓的尺寸。

2) 温度对精密微细加工精度的影响

进行精密微细加工，温度对精度的影响绝对不能忽视。不同材料具有不同的热膨胀系数。如图 4-97 所示，温度从 25℃下降到 20℃钢材尺寸的变化：在 25℃时，尺寸偏大 6 μm，当温度降至 20℃时，尺寸仅偏大 0.12 μm，这是一个热稳定的过程，即使温度迅速下降，仍然需要一个持续的时间才能维持精度。越大的物体，在温度变化时需要更多的时间来恢复精度稳定。

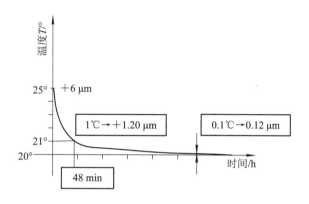

图 4-97   温度对钢材尺寸的影响

因此，进行精密微细电火花成形加工，车间温度的控制非常重要。高精密加工车间的温度一般控制在恒定 23℃，要求温度波动小于 0.5℃/h，如表 4-8 所示。

表 4-8   加工精度与温度控制范围

目标加工精度/μm	温度控制范围/℃
0～2	23±0.5
2～5	23±1.0
5～10	23±2.0

3) 精密加工的补刀加工处理

在精密微细电火花成形加工中，由于存在各加工环节的误差，所以一般都要进行首件预测量。首件加工的尺寸要有安全余量，在对加工尺寸进行测量后，对形状尺寸、位置尺寸差别予以修正，称之为补刀加工。补刀加工是在加工表面清理干净之后进行的，所以放电间隙比清扫前更小，能更精确地完成细微的加工。System 3R 快速装夹夹具对补刀加工起到了强有力的支持作用。

4) 微细加工表面缺陷的调整方法

如果微细加工的局部有拉弧、黑点，那么需要采取一定的措施来避免产生这些缺陷。出现这种问题的原因通常是精加工放电条件不稳定导致的轻微拉弧倾向放电。可以通过调整以下参数(针对 FORM S350 机床)来提高放电稳定性，改善排屑效果。

(1) TEROS：放电时间，对于细小面积的放电，为改善排屑效果，可将其减小。

(2) TML：抬刀高度，为改善排屑效果，抬刀高度可适当加大。

(3) P：脉冲间隔，适当加大脉冲间隔可改善排屑效果。对于正电压的放电条件，通常脉冲间隔与脉冲宽度 T 相等或者比脉冲宽度 T 大一些；对于负电压的放电条件，脉冲间隔要显著大于脉冲宽度 T 才能产生均匀的表面效果。需要注意的是，在负电压条件下，如果脉冲间隔设定得过大，那么有可能出现放电不稳定或者不放电的现象，这种情况需要观察放电的稳定性来判定。

(4) COMP：伺服基准，可理解为电极与工件之间保持的间隙距离。如果间隙距离过小(COMP 值过大)，则放电表面容易产生黑斑缺陷。为提高表面质量，可将 COMP 值减小一些。需要注意的是，在负电压条件下对间隙距离很敏感，如果 COMP 值设定得过小，那么有可能出现不放电或者电极往上回退的现象，这种情况需要观察放电的稳定性来判定。

(5) U：电压，电压值增大可提高放电的稳定性。

4.4.4　混粉电火花成形加工技术

电火花成形加工技术广泛应用于型腔模制造中。当前，模具制造技术的快速发展，赋予了电火花成形机床更高的加工要求。其中表面粗糙度是电火花成形加工的一项重要技术指标，越来越多的型腔模具要求电火花成形加工实现 $Ra<0.4$ μm 的均匀表面。

在无混粉的电火花成形加工的精加工时，一旦加工面积较大，工件和电极间就会形成较大的寄生电容，产生集中放电现象，生产效率极低，表面粗糙度难以达到加工要求，因此，以往复杂型腔模的亚光面无法达到均匀表面的加工要求，光整加工主要依靠手工抛光。

混粉电火花成形加工正是基于上述精加工存在的弊端而开发的一门技术。它的显著优点是：加工效率高，精加工时间大幅度缩短，提高了模具制造的生产效率；表面均匀性好，大幅度提高了精加工大面积的均匀程度，提高了模具表面质量；对于大面积的加工，同样能达到低于 0.4 μm 以下的表面粗糙度，满足了模具制造商的高要求。如图 4-98 所示，瑞士GF 公司的 FORM 系列电火花成形机床在使用混粉加工技术时，加工长、宽均为 150 mm的大面积时，能实现 Ra 为 0.2 μm 的均匀反光镜面效果。

图 4-98　大面积混粉镜面加工

1. 混粉电火花成形加工的原理与应用

所谓混粉电火花成形加工，是指在工作液中添加了微粉(如硅粉)，整个加工过程在这种具有一定浓度的粉末工作液中进行，如图 4-99 所示。混粉电火花成形加工由于工作液介质中混入一定比例的导电性或半导电性超细粉末，放电时极间距离加大，使工件与电极之间的寄生电容急剧减小，破坏性的寄生电容放电不再出现，容易形成电火花放电，较常规加工的放电间隙变大，能够有效防止集中放电发生，使放电在加工表面均匀产生，相应放电蚀坑在加工表面均匀分布，形成大而浅的放电蚀坑，如图 4-100 所示。互相重叠的盘状凹坑表面比普通放电表面要平整，减少了光的乱反射并容易形成闪光的镜面。

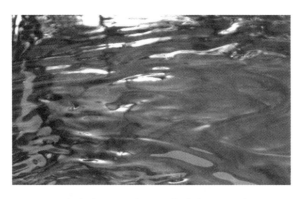

图 4-99　在电火花成形加工工作液中添加微粉的效果

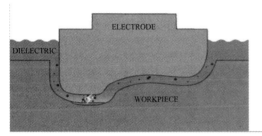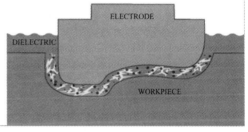

(a) 无混粉精加工产生寄生电容放电　　　　　　(b) 混粉精加工实现均匀的放电

图 4-100　混粉电火花成形加工的原理

　　混粉电火花成形加工主要是针对大面积的精细加工。对于绝大多数型腔模，如手机外壳模具、遥控器外壳模具等，混粉电火花成形加工可作为型腔表面的最终加工。即使是高速铣加工的三维曲面，因得到的是非连续的光滑表面，故仍需使用电火花进行精加工得到光滑的加工面。对于微细型腔，如 IC 模、精密接插件，混粉加工由于工作液中粉末的存在，放电间隙大难以实现一些精细件的清角要求，因此，混粉加工明显不合适。

2. 混粉电火花成形加工对机床的要求

　　要成功地实现混粉电火花成形加工，对数控电火花成形机床有相应的要求：

　　(1) 由于工作液中添加了粉末，首先要求电火花成形机床具有防止粉末沉淀的装置。GF 公司 FORM E 系列电火花成形机床可选配混粉装置，它是在工作液槽的工作台四周安装了一圈管道，管道上均匀分布着小孔；同样，油箱里也安装有一圈有孔的管道；使用大功率油泵，大功率油泵工作时，工作液从管道的小孔喷出，给工作液槽供给混粉工作液，同时使工作液槽中的液体不断循环流动，防止粉末沉淀；另一方面，油泵同样给油箱中的管道供给混粉工作液，工作液从管道的小孔喷出，使得油箱中的液体不断循环流动，防止粉末沉淀。

　　(2) 要求电火花成形机床具有镜面精加工电路，也就是要求机床的脉冲电源具有极小的单个脉冲能量(纳秒级脉冲宽度、低峰值电流的电源)，能在极小的放电能量下进行稳定的放电加工。一些普通型电火花成形机床的脉冲电源虽具有很小的单个脉冲能量，但它不能满足镜面加工的持续稳定放电，虽然可以通过混粉工艺改善其放电稳定性，但还是不能保证可靠的预定加工效果。高性能的脉冲电源不但可以提高加工效率，还可以降低电极损耗和表面粗糙度值。

(3) 要求电火花成形机床具有丰富的应用功能，能够灵活编制加工程序，具备混粉电火花成形加工要求的空间平动方式。

3. 电视遥控器外壳模具型腔混粉加工实例

图 4-101 所示工件为电视遥控器外壳注塑模仁，其型腔尺寸长 175.5 mm、宽 50 mm、深 10 mm。

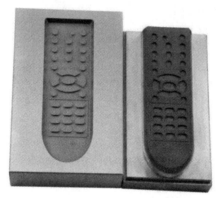

图 4-101   电视遥控器外壳注塑模仁型腔混粉加工

1) 工件准备

(1) 工件材料：Assab S136 塑胶模具钢。

S136 塑胶模具钢为瑞典一胜百公司生产的耐腐蚀防酸镜面模具钢，具有优良的耐腐蚀性、耐磨性、机械加工性，模具经过长期使用后，型腔表面仍然维持原先的光滑状态。

(2) 工件电火花成形加工要求。

模具型腔已预铣加工，留有余量约单边 0.2 mm，要求加工至 VDI 6(Ra 0.2 μm)的表面粗糙度，加工完成后不再进行抛光处理，应保证底面与侧面粗糙度均匀一致。另外，要保证型腔的棱边清晰，尺寸精度为 ±0.01 mm。

2) 电极准备

为了保证型腔棱边清晰，形状完美，该型腔采用多电极更换的工艺方法，准备 2 个不同尺寸缩放量的电极来进行型腔的粗、精加工。

(1) 电极材料：紫铜。

(2) 电极制作要求。

粗加工电极缩放量取单边 0.2 mm，精加工电极缩放量取单边 0.10 mm。设计为整体电极，使用 System 3R 夹具装夹电极毛坯料，用高速加工中心铣削电极。

3) 粗、精加工工艺安排与预留量

一般来说，混粉电火花成形机床在生产中专门用于精加工。因为粗加工中蚀除下来的粗大材料颗粒与粉末混合会影响加工效果，即使可以切换为非混粉状态，但需要很长的转换时间，所以粗加工不宜安排在混粉电火花成形机床上。

粗加工电极可以采用较大的放电能量蚀除大部分材料，以缩短加工时间，提高加工效率；然后使用精加工电极进行混粉电火花成形加工，达到要求的表面质量和加工精度。

要控制好精加工预留量。如果粗加工预留的加工量太小，那么混粉加工将不能完全修光，影响表面效果；如果粗加工预留的余量太多，那么混粉加工将花费很多的时间来加工余量，导致加工速度慢，电极疲劳。根据经验，推荐粗加工表面粗糙度 Ra 为 1.8 μm(VDI25)，底面预留 0.07 mm，侧面单边预留 0.08 mm。

4) 电火花成形加工操作

(1) 电极的装夹与校正：使用 System 3R 夹具装夹电极，直接换装，不需要进行电极校正，如图 4-102 所示。

图 4-102 使用 System 3R 夹具装夹电极

(2) 工件的装夹与校正：在装夹前，工件应进行退磁处理；将工件放置于磁力吸盘台面上，用千分表校正工件基准面与机床轴移动的平行度，并检查工件上表面的平面度。

(3) 电极与工件的定位。采用基准球测量的定位方法。首先在工作台上固定一个基准球，在主轴头卡盘上安装一个测头，使用测头对基准球分中、对深度，记下基准球的机械坐标值；然后使用测头对工件分中、对深度，记下工件基准的机械坐标值；最后取下测头，安装电极，用电极对基准球进行分中、对深度方向进行感知，测量出电极偏移量。

5) 电火花成形加工编程

(略)

4. 混粉电火花成形加工技术控制要点

1) 混粉电火花成形加工对工作液与粉末的要求

工作液(火花油)在加工过程中起着消电离、冷却、排除电蚀产物的作用。对于精加工，要求工作液的黏度低，以保证电极间熔渣有良好的清洗性能；工作液的抗氧化性能和热稳定性也很关键，它们决定着工作液的使用寿命。建议根据以下指标选择火花油：20℃运动黏度 6.7 cSt，闪点>135℃。

据国内外众多混粉加工技术报道，目前混粉电火花成形加工的工作液中加入的粉末有硅粉、铝粉、镁粉、石墨粉等几种。GF 公司使用的粉末主要成分为石墨颗粒，大致长度小于 8 μm，粉末添加的浓度要求为 2 g/L。每一次更换混粉液前需要过滤、清洁火花油，将加工过程中的残屑与失效的粉末过滤掉，然后再加入新的混粉。混粉溶液最好在加工 350～400 h 后更换。混粉加工将会在工作槽的内侧沉淀黑色的泥浆，经验证明不能将这些泥浆与火花油再次进行混合，否则会严重影响加工性能。

混粉工作液的浓度对加工表面效果有较大的影响。混粉液的浓度不够时，在较短的时间内不能达到要求的表面效果，降低了加工效率。在要求镜面加工的场合，会因混粉浓度不够而导致表面光泽效果较差；当混粉浓度过大时，型腔的锐边棱角会被破坏，降低了加工精度。电极与工件之间由于较多粉末的存在，粉末就会产生搭桥导致流动短路，严重时会在工件表面产生伤痕。

在混粉电火花成形加工过程中，工作液箱中的工作液处于循环状态，不建议再使用冲液加工，尤其是不能使用强烈的冲液，否则会造成放电过程中不均匀的流场，影响表面效果的均匀性。

2) 混粉电火花成形加工对工件材料的要求

混粉电火花成形加工由于工件材料的不同会产生不同的加工效果。在加工纹面(VDI18级表面/Ra0.8 μm 以上)时，不同材料获得的表面效果差异不明显；但在加工镜面(VDI7 级表面/Ra0.2 μm 以下)时，因工件材料特性的不同会使获得的表面效果有较大的差异。有些材料能获得良好的镜面效果，如常用的镜面加工材料有 S136、SKD61、NAK80 等进口钢材；有些材料却不能达到镜面效果，如 SKD11(相当于 Cr12MoV)。可以认为下列因素是影响镜面加工效果的原因：含硅成分有利于获得较好的镜面效果；含有大粒径的粗生碳化物或粗大晶体颗粒添加物对加工镜面不利，容易产生显微裂纹；含有快削成分的硫对加工镜面不利，表面容易产生条纹；材料轧制方向等坯料制造工艺因素对加工镜面不利，表面容易产生条纹；金属夹杂物、气泡、氧化物等因素形成针眼和孔洞，对镜面加工不利；钢的硬度高，电火花成形加工镜面的效果好。一般要求镜面加工的工件材质热处理淬硬至 HRC>50。

3) 混粉电火花成形加工对电极的要求

混粉电火花成形加工对电极的要求主要包括材料、表面粗糙度、缩放尺寸、精度等方面。

混粉电火花成形加工要求使用纯度较高的紫铜作为电极材料，其加工性能很好，不易发生电弧放电或过渡电弧放电，能获得均匀一致的加工表面。石墨电极在普通工作液(无混粉)精加工中性能较差，但在混粉加工中，由于工作液中添加了粉末，精加工放电间隙较大，经过实际验证，石墨电极在混粉中也能实现镜面电火花成形加工。需要说明的是，如果型腔要求进行混粉电火花镜面加工，就必须对电极材料的品质提出严格的要求，否则加工效果会受到影响，比如使用的紫铜电极材料纯度不够就会导致加工的镜面表面产生局部缺陷、不均匀等不良现象。

电火花成形加工的过程就是把电极的形状复制到工件上。由此可知，电极表面粗糙度在一定程度上决定了加工的表面粗糙度，所以镜面加工用的电极必须进行精修抛光(至少要经过 1000#砂纸的精抛)，以达到高光洁度表面质量。

电极的缩放尺寸决定了电火花成形加工第一挡规准能量的大小与平动幅度的大小，直接影响加工速度、仿形精度等工艺指标。一般混粉电火花精加工电极的尺寸缩放量取单边0.07～0.15 mm，加工面积小时可取小一些，仿形精度要求高时可取小一些。

混粉电火花成形加工有粗、精加工电极，这就要求电极的一致性要好、制造精度要高，更换电极的重复装夹、定位精度要高。可以采用高速铣制造电极、使用基准球测量定位、使用快速装夹定位系统进行重复定位等先进工艺来满足高要求。

4) 混粉电火花成形加工参数的配置

混粉电火花成形加工参数的配置包括使用的电规准(如电流、脉冲宽度、脉冲间隔等)和每挡电规准的放电间隙值与预留量。

混粉电火花成形加工必须保证每一挡电规准放电能够稳定进行,最终电规准能达到要求的表面效果。多个规准中电流依次减小,脉冲宽度依次减小,再选配相应的脉冲间隔和伺服间隙。通常在 VDI18 级(Ra0.8 μm)规准以下使用负极性加工参数(电极为负极)。各挡规准的放电能量逐渐减小,逐步修光来达到要求的表面粗糙度。值得一提的是,混粉电火花成形加工可以产生较高的加工效率,较普通工作液可选用更大的放电能量来获得同样的表面粗糙度。另外,在混粉电火花成形加工中有相当好的放电稳定性,放电时间要设长些,抬刀高度小一些,这样设置的目的是维持一个稳定的小能量电蚀过程,与常规加工的选择是有差别的。

在混粉电火花成形加工过程中,往往能保持高稳定的放电状态,一般不会产生积碳现象,因此在加工过程中应尽量少停机,尤其是不要将留在加工表面的粉末层清理掉,以免干扰正常的放电加工。

混粉电火花成形加工需要精确计算各电规准的放电间隙值与预留量。较小的材料预留量会影响加工的表面粗糙度,导致修不光。最理想的加工状况是第一个条件加工完后,其后的加工只是修光第一个加工条件形成的表面不平度,而不加工新的材料。但实际加工时,考虑到放电状况受到的制约因素千变万化,因此要考虑安全的预留量。余量的大小可根据实际的放电状况而定,对于面积较大、加工状态比较稳定的加工,可适当减小材料余量,以提高加工速度。

5) 混粉电火花成形加工对平动功能的要求

对型腔模的混粉电火花成形加工,需达到要求的尺寸精度,另外要求底面与侧面表面效果相同,这就要求数控机床必须具备数控平动功能。电火花成形机床具备了数控平动功能,对于尺寸精度的控制是比较容易的。但要保证底面与侧面均匀一致的表面效果,就要求机床具备符合要求的平动功能。在混粉电火花成形加工的过程中,要求每一规准的平动量能随深度同时变化,也就是深度逐步加大,平动量也随之加大,底面与侧面处于同步加工的三轴联动方式。在这种平动方式下,同时可实现定时加工功能,也就是可指定每一规准的加工时间,在指定的加工时间内,底面与侧面获得的表面效果一致。例如,GF 公司电火花成形机床在混粉电火花成形加工时要求选用 Down/Orb,这种平动方式在小能量的精加工中,显著地提高了加工的稳定性,可实现侧面与底面的表面效果一致。某些平动功能在混粉电火花成形加工中是不适用的,如某些机床的圆形伺服平动,该平动方式执行的动作为:每挡电规准必须先将加工深度完成,再执行一个圆周的平动轨迹。显然这种平动方式在型腔模混粉加工的精加工阶段是不适合的。

6) 混粉电火花成形加工效率的控制

混粉电火花成形加工精加工效率的控制取决于:VDI22 以上更强规准的加工效率主要取决于各挡规准之间的预留量,如果预留量合适,在具有一定蚀除能力的电规准下,加工效率是比较高的;VDI22 及以下更弱的电规准,由于各电规准的电蚀能力弱,加工时的尺寸变化已经较小,基本只起修光作用,如果严格地按照指定的尺寸执行加工,则加工过程需要花费很长的时间，而实际上只要加工到要求的表面粗糙度后就可结束加工，因此可采用机床的定时加工功能来控制加工效率。根据放电加工的面积来设定各段所需的修光时间，可参考表 4-9。

表 4-9　不同加工面积与加工条件的时间设定

条件定时/ cm²	20	36	40	60	80	100
VDI22/min	5	8	10	15	15	20
VDI20/min	10	11	15	20	25	30
VDI18/min	10	15	20	30	35	40
VDI16/min	15	21	25	35	45	55
VDI12/min	20	29	35	50	65	75
VDI07/min	25	39	45	65	85	100

4.4.5　电火花成形加工效率和工匠精神

在电火花成形加工中，应尽可能在最短的时间内加工出满足尺寸精度和表面粗糙度要求的产品，即用最短的时间加工出合格的产品。加工效率越高，加工出合格产品所需时间越短，加工效果越好。如何提高加工效率呢？在加工中坚持和加强工匠精神是提高加工效率的有力保证。

1. 工匠精神和加工工艺

工匠精神包含对加工工艺精益求精的精神理念。电火花成形加工过程包括电极设计、电极装夹与校正、工件装夹与校正、电极定位、电加工条件选择等，这些都是电火花成形加工工艺的重要组成部分。对加工过程每道工序的加工工艺精益求精，每个过程做到最优最好，电火花成形加工必然高效。

2. 工匠精神和职业素养

工匠精神包含认真工作、敬业爱岗的职业素养。合理的加工工艺是提高加工效率的必要条件，但最终实现高效的电火花成形加工，还需要敬业爱岗的工匠精神。在加工中，严格按照操作程序和加工规准、遵守企业 5S 产品质量管理规定，认真完成加工过程中的每一道工序，是高效率完成零件加工的又一个必要条件。

3. 工匠精神和团结协作

工匠精神包含团队的密切协作和勇于担当的团队精神。现在的电火花成形加工早就告别了小作坊加工方式，互联网+环境下的智能制造加工模式越来越多地出现在现代化企业生产中。一个零件的完成，可能需要电火花成形加工、数控铣削、数控磨削等多种加工过程，在电火花成形加工中，与其他工序密切协作、紧密配合，服从生产调度，保质高效完成任务，才能使整个零件高效率地加工完成，实现生产效率整体最大化。

综上所述，在电火花成形加工中，坚持和加强工匠精神，优化加工工艺，对加工工艺精益求精，加工中敬业爱岗，认真完成每道工序，团结协作，这样才能实现零件高效率的电火花成形加工。

4.5　电火花成形加工中应注意的一些问题

1．加工精度问题

加工精度主要包括仿形精度和尺寸精度两个方面。所谓仿形精度，是指电火花成形加工后的型腔与加工前工具电极几何形状的相似程度。

影响仿形精度的因素有：

(1) 使用平动头造成的几何形状失真，如很难加工出清角、尖角变圆等。

(2) 电极损耗及"反黏"(即加工屑黏附在电极的底部)现象的影响。

(3) 电极装夹、校正的精度和平动头、主轴头的精度以及刚性影响。

(4) 电规准选择转换不当，造成电极损耗增大。

影响尺寸精度的因素有：

(1) 操作者选用的电规准与电极缩放量不匹配，以致加工完成以后，尺寸精度超差。

(2) 在加工深型腔时，二次放电较多，使加工间隙增大，以致侧面不能修光，或者即使能修光，也超出了图纸尺寸。

(3) 冲油管的放置和导线的架设存在问题。导线与油管产生阻力，使平动头不能正常进行平面圆周运动。

(4) 电极制造误差。

(5) 主轴头、平动头、深度测量装置等机械误差。

2．表面粗糙度问题

电火花成形加工型腔模，有时型腔表面会出现尺寸到位但修不光的现象。造成这种现象的原因有：

(1) 电极对工作台的垂直度没校正好，使电极的一个侧面成了倒斜度，这样对应模具侧面的上部分就会修不光。

(2) 主轴进给时，出现扭曲现象，影响了模具侧表面的修光。

(3) 在加工开始前，平动头没有调到零位，以致到了预定的偏心量时，有一面无法修到。

(4) 各挡电规准转换过快，或者跳电规准进行修整，使端面或侧面留下粗加工的麻点痕迹，无法修光。

(5) 电极或工件没有装夹牢固，在加工过程中出现错位移动，影响模具侧面粗糙度的修整。

(6) 平动量调节过大，加工过程出现大量碰撞短路，使主轴不断上下往返，造成有的面修到，有的面修不到。

3．影响模具表面质量的"波纹"问题

用平动头修光侧面的型腔时，在底部圆弧或斜面处易出现细丝及鱼鳞状的凸起，这就是"波纹"。"波纹"问题将严重影响模具加工的表面质量。一般"波纹"产生的原因如下：

(1) 电极材料的影响。如用石墨作电极时，由于石墨材料颗粒粗、组织疏松、强度差，粗加工时电极表面会产生严重剥落现象(包括疏松性剥落、压层不均匀性剥落、热疲劳破坏剥落、机械性破坏剥落)。因为电火花成形加工是精确"仿形"加工，故在电火花成形加工中石墨电极表面剥落现象经过平动修整后会反映到工件上，即产生了"波纹"。

(2) 粗、中加工电极损耗大。由于粗加工后电极表面粗糙度值很大，中、精加工时电极损耗较大，故在加工过程中工件上粗加工的表面不平度会反拷贝到电极上，电极表面产生的高低不平又反映到工件上，最终就产生了所谓的"波纹"。

(3) 冲油、排屑的影响。电火花成形加工时，若冲油孔开设得不合理，排屑情况不良，则蚀除物会堆积在底部转角处，这样也会助长"波纹"的产生。

(4) 电极运动方式的影响。"波纹"的产生并不是平动加工引起的，相反，平动运动有利于底面"波纹"的消除，但它对不同角度的斜度或曲面"波纹"仅能不同程度地减少，却无法消除。这是因为平动加工时，电极与工件有一个相对错开位置，加工底面错位量大，加工斜面或圆弧错位量小，因而导致两种不同的加工效果。

"波纹"的产生既影响了工件表面粗糙度，又降低了加工精度，为此，在实际加工中应尽量设法减少或消除"波纹"。

习　　题

一、判断题

(　　) 1. 采用数控平动成形加工方法加工型腔时，相较于非平动方法，能减小电极侧面角部的损耗。

(　　) 2. 单电极直接成形加工方法适用于形状简单、精度要求高的型腔加工。

(　　) 3. 多轴联动成形加工可以实现以简单电极加工出复杂零件。

(　　) 4. 紫铜电极机械加工成形容易，无毛刺，容易修正。

(　　) 5. 石墨电极常用于实现表面粗糙度 Ra 优于 0.1 μm 的电火花成形加工。

(　　) 6. 精加工电极单边缩放量不小于单边放电间隙。

(　　) 7. 粗加工电极单边缩放量不小于单边安全余量。

(　　) 8. 电火花成形加工前，需对工件进行除锈、消磁处理。

(　　) 9. 对于精度高的零件，需要使用基准球来实现电极的定位。

(　　) 10. 电火花成形加工的初始加工条件选择取决于电极的缩放量。

二、单项选择题

1. 下列关于数控平动加工的作用说法错误的是(　　)。

A. 可修光侧面和底面，得到均匀的加工表面

B. 可通过改变平动量，精确控制尺寸精度

C. 可加工出清棱、清角的侧壁和底边

D. 变全面加工为局部加工，加工速度降低

2. 电火花成形加工微细型腔，能够获得更低的电极损耗的电极材料是(　　)。

A. 紫铜　　　　　　　B. 石墨　　　　　　　C. 黄铜　　　　　　　D. 钢

3. 电极接触感知工件表面后停留在距工件表面 5 mm 的地方，若将工件表面设为 Z =

1 mm，则应把当前 Z 的坐标设置为(　　)。

　　A. 1 mm　　　　　　　B. 4 mm　　　　　　　C. 5 mm　　　　　　　D. 6 mm

　　4. 选择电火花成形加工精加工最终加工条件的主要因素是(　)。

　　A. 放电面积　　　　　B. 表面粗糙度　　　　C. 加工速度　　　　　D. 加工精度

　　5. 电极接触感知完成后停留在距工件表面上方 1 mm 处(垂直)，若执行指令 G92 Z1.01，则加工完成后型腔可能(　　)。

　　A. 多加工 0.01 mm　　　　　　　　　　　　B. 多加工 1.01 mm

　　C. 少加工 0.01 mm　　　　　　　　　　　　D. 少加工 1.01 mm

三、综合题

1. 在电火花成形加工中，怎样实现电极在加工工件上的精确定位？

2. 如图 4-103 所示零件，若电极横截面尺寸为 30 mm× 28 mm，那么：

(1) 如何选择电火花成形加工的条件？

(2) 电极如何在 X 方向和 Y 方向定位？详细写出电极的定位过程。

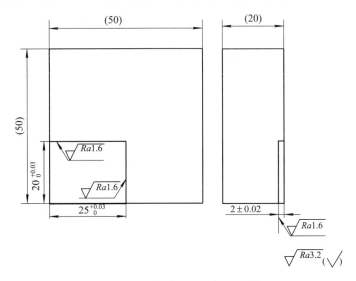

图 4-103　电火花成形加工零件

第 5 章　电火花线切割加工工艺规律

电火花线切割加工与电火花成形加工一样，都是依靠火花放电产生的热量来去除金属材料的，所以有较多共同的工艺规律，如增大峰值电流能提高加工速度等。但由于电火花线切割加工与电火花成形加工的工艺条件以及加工方式不尽相同，因此，它们之间的加工工艺过程以及影响工艺指标的因素也存在着较大差异。

5.1　主要工艺指标

和电火花成形加工一样，电火花线切割加工的主要工艺指标有切割速度、加工精度、表面粗糙度、电极丝损耗量等。

1．切割速度

在电火花线切割加工中，切割速度是指在保证一定的表面粗糙度的切割过程中，单位时间内电极丝中心线在工件上切割的面积，单位为 mm^2/min。最高切割速度是指在不计切割方向和表面粗糙度等条件下所能达到的最大切割速度。通常快走丝线切割加工的切割速度为 $40 \sim 80~mm^2/min$，它与加工电流大小有关。为了在不同脉冲电源、不同加工电流下比较切割效果，将每安培电流的切割速度称为切割效率，一般切割效率为 $20~mm^2/(min \cdot A)$。

2．加工精度

加工精度是指所加工工件的尺寸精度、形状精度和位置精度的总称。加工精度是一项综合指标，受切割轨迹的控制精度、机械传动精度、工件装夹与定位精度以及脉冲电源参数的波动、电极丝的直径误差、损耗与抖动、工作液脏污程度的变化、操作者的熟练程度等因素的影响。

3．表面粗糙度

在我国，表面粗糙度常用轮廓算术平均偏差 $Ra(\mu m)$ 来表示，在日本常用 R_{max} 来表示，在欧美常用 VDI 指标。

4．电极丝损耗量

对快走丝线切割机床，电极丝损耗量用电极丝在切割 $10~000~mm^2$ 面积后电极丝直径的减少量来表示，一般减小量不应大于 $0.01~mm$。对慢走丝线切割机床，由于电极丝是一次性的，故电极丝损耗量可忽略不计。

5.2　电参数对工艺指标的影响

1. 放电峰值电流 $\hat{i}_e$ 对工艺指标的影响

放电峰值电流 $\hat{i}_e$ 增大，单个脉冲能量增大，故切割速度迅速提高，但是火花间隙变大，表面粗糙度值增大，电极丝损耗增大，加工精度也随之下降。

放电峰值电流 $\hat{i}_e$ 不能无限制增大，当其达到一定临界值后，若再继续增大峰值电流 $\hat{i}_e$，则加工的稳定性变差，加工速度明显下降，甚至断丝。

2. 脉冲宽度 t_i 对工艺指标的影响

在其他条件不变的情况下，增大脉冲宽度 t_i，电火花线切割加工的速度提高，表面粗糙度变差。这是因为当脉冲宽度增加时，单个脉冲持续时间增加，脉冲放电能量随之增大。同时，随着脉冲宽度的增加，电极丝损耗也变大。因为脉冲宽度增加，正离子对电极丝的轰击加强，结果使得接负极的电极丝损耗变大。

当脉冲宽度 t_i 增大到一临界值后，电火花线切割加工速度将随脉冲宽度的增大而明显减小。因为当脉冲宽度 t_i 达到一临界值后，加工稳定性变差，从而影响了加工速度。

3. 脉冲间隔 t_o 对工艺指标的影响

在其他条件不变的情况下，减小脉冲间隔 t_o，脉冲频率将提高，单位时间内放电次数增多，平均电流增大，从而提高了切割速度。

脉冲间隔 t_o 在电火花线切割加工中的主要作用是消电离和恢复工作液的绝缘。脉冲间隔 t_o 不能过小，否则会影响电蚀产物的排出和火花通道的消电离，导致加工稳定性变差和加工速度降低，甚至断丝。当然，脉冲间隔 t_o 也不能过大，否则会使加工速度明显降低，严重时不能连续进给，加工变得不稳定。

在电火花成形加工中，脉冲间隔的变化对工件表面粗糙度影响不大。在电火花线切割加工中，在其余参数不变的情况下，脉冲间隔减小，工件的表面粗糙度数值稍有增大。这是因为一般电火花线切割加工用的电极丝直径都在 $\phi 0.25$ mm 以下，放电面积很小，脉冲间隔的减小导致平均加工电流增大，由于面积效应的作用，使加工表面粗糙度值增大。

脉冲间隔的合理选取，与电参数、走丝速度、电极丝直径、工件材料及厚度有很大关系。因此，在选取脉冲间隔时必须根据具体情况而定。当走丝速度较快、电极丝直径较大、工件较薄时，因排屑条件好，可以适当缩短脉冲间隔。反之，则可适当增大脉冲间隔。

4. 极性

因电火花线切割加工脉宽较窄，所以都用正极性加工，否则切割速度变低且电极丝损耗增大。

综上所述，电参数对电火花线切割加工的工艺指标的影响有如下规律：

(1) 加工速度随着加工峰值电流、脉冲宽度的增大和脉冲间隔的减小而提高，即加工速度随着加工平均电流的增大而提高。实验证明，增大峰值电流对切割速度的影响比用增大脉冲宽度的办法显著。

(2) 加工表面粗糙度值随着加工峰值电流、脉冲宽度的增大及脉冲间隔的减小而增大，不过脉冲间隔对表面粗糙度影响较小。

实践表明，在加工中改变电参数对工艺指标影响很大，必须根据具体的加工对象和要求，综合考虑各方面因素及其相互影响关系，选取合适的电参数，既优先满足主要加工要求，同时又能提高各项加工指标。例如，加工精密小零件时，精度和表面粗糙度是主要指标，加工速度是次要指标，这时选择电参数主要满足尺寸精度高、表面粗糙度好的要求。又如加工中、大型零件时，对尺寸的精度和表面粗糙度要求低一些，故可选较大的加工峰值电流、脉冲宽度，尽量获得较高的加工速度。此外，不管加工对象和要求如何，还需选择适当的脉冲间隔，以保证加工稳定进行，提高脉冲利用率。因此，选择电参数值是相当重要的，只有客观合理地运用它们的最佳组合，才能够获得良好的加工效果。

慢走丝线切割机床及部分快走丝线切割机床的生产厂家在操作说明书中给出了较为科学的加工参数表。在操作这类机床时，一般只需要按照说明书正确地选用参数即可。

5.3　非电参数对工艺指标的影响

5.3.1　电极丝及其材料对工艺指标的影响

1. 电极丝的选择

目前电火花线切割加工使用的电极丝有钼丝、钨丝、钨钼合金丝、黄铜丝、铜钨丝、镀锌丝等。

采用钨丝加工时，可获得较高的加工速度，但放电后丝质易变脆，容易断丝，故应用较少，只在慢走丝弱规准加工中尚有使用。钼丝比钨丝熔点低，抗拉强度低，但韧性好，在频繁的急热急冷变化过程中，丝质不易变脆、不易断丝。钨钼丝(钨、钼各占50%的合金)加工效果比前两种都好，它具有钨、钼两者的特性，使用寿命和加工速度都比钼丝高。铜钨丝有较好的加工效果，但抗拉强度差些，价格比较昂贵，故应用较少。采用黄铜丝作电极丝时，加工速度较高，加工稳定性好，但抗拉强度差，损耗大。

目前，快走丝线切割加工广泛使用钼丝作为电极丝，慢走丝线切割加工广泛使用黄铜丝或镀锌丝作为电极丝。

2. 电极丝的直径

电极丝的直径是根据加工要求和工艺条件选取的。在加工要求允许的情况下，可选用直径大些的电极丝。直径大，抗拉强度大，承受电流大，可采用较强的参数进行加工，能够提高输出的脉冲能量，提高加工速度。同时，电极丝粗，切缝宽，放电产物排出条件好，加工过程稳定，能提高脉冲利用率和加工速度。如果电极丝过粗，则难加工出内尖角工件，降低了加工精度，同时切缝过宽使材料的蚀除量变大，加工速度也有所降低；如果电极丝直径过小，则抗拉强度低，易断丝，而且切缝较窄，放电产物排出条件差，加工中经常出现不稳定现象，导致加工速度降低。细电极丝的优点是可以得到较小半径的内角，加工精度能相应提高。表 5-1 是常见直径的钼丝的最小拉断力。快走丝线切割加工一般采用 $\phi 0.18$ mm 的钼丝，慢走丝线切割加工一般采用直径为 $\phi 0.20$ mm、$\phi 0.25$ mm 的黄铜丝或镀锌丝。

表 5-1　几种直径的钼丝的最小拉断力

丝径/mm	最小拉断力/N
0.06	2～3
0.08	3～4
0.10	7～8
0.13	12～13
0.15	14～16
0.18	18～20
0.22	22～25

3. 走丝速度对工艺指标的影响

对于快走丝线切割机床，在一定的范围内，随着走丝速度(简称丝速)的提高，有利于脉冲放电结束时放电通道迅速消电离。同时，高速运动的电极丝能把工作液带入厚度较大工件的放电间隙中，有利于排屑和放电加工稳定进行。故在一定加工条件下，随着丝速的提高，加工速度也随之增大。图 5-1 为快走丝线切割机床走丝速度与切割速度关系的实验曲线。实验证明：当走丝速度由 1.4 m/s 上升到 7～9 m/s 时，走丝速度对切割速度的影响非常明显。如果再继续增大走丝速度，切割速度不仅不增大，反而开始下降，这是因为丝速再增大，虽然排屑条件仍在改善，但是储丝筒一次排丝的运转时间减少，使其在一定时间内的正反向换向次数增多，蚀除作用基本不变，非加工时间增多，从而使加工速度降低。

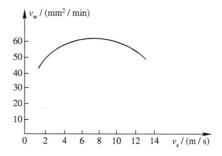

图 5-1　快走丝线切割丝速对加工速度的影响

对应最大加工速度的最佳走丝速度与工艺条件、加工对象有关，特别是与工件材料的厚度有很大关系。当其他工艺条件相同时，工件材料厚一些，对应于最大加工速度的走丝速度就高些，即图 5-1 中的曲线将随工件厚度增加而向右移。

对慢走丝线切割机床来说，同样也是走丝速度越快，加工速度越快。因为慢走丝线切割机床的电极丝的线速度范围约为零点几毫米到几百毫米每秒。这种走丝方式是比较平稳均匀的，电极丝抖动小，故加工出的零件表面粗糙度好、加工精度高；但丝速慢导致放电产物不能及时被带出放电间隙，易造成短路及不稳定放电现象。提高电极丝走丝速度，工作液容易被带入放电间隙，放电产物也容易排出间隙之外，故改善了间隙状态，进而可提高加工速度。但在一定的工艺条件下，当丝速达到某一值后，加工速度就趋向稳定(如图 5-2 所示)。

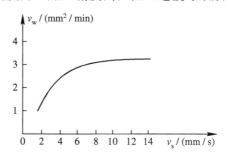

图 5-2　慢走丝线切割丝速对加工速度的影响

慢走丝线切割机床的最佳走丝速度与工件材料、厚度、电极丝材料、直径等有关。慢走丝线切割机床的工艺参数库里都会推荐相应的走丝速度。

4．电极丝往复运动对工艺指标的影响

快走丝线切割加工工件的表面往往会出现黑白交错相间的条纹(如图 5-3 所示)，电极丝进口处呈黑色，出口处呈白色。条纹的出现与电极丝的运动有关，这是排屑和冷却条件不同造成的。电极丝从上向下运动时，工作液由电极丝从上表面带入工件内，放电产物由电极丝从下表面带出。这时，工件上部工作液充分，冷却条件好，下部工作液少，冷却条件差，但排屑条件比上部好。工作液在放电间隙里受高温热裂分解，形成高压气体，急剧向外扩散，对上部蚀除物的排除造成困难。这时，放电产生的炭黑等物质将凝聚附着在加工表面上部，使之呈黑色；在下部，排屑条件好，工作液少，放电产物中炭黑较少，而且放电常常是在气体中发生的，因此表面呈白色。同理，当电极丝从下向上移动时，加工表面下部呈黑色，上部呈白色。这样，经过电火花线切割加工的表面，就形成黑白交错相间的条纹。这是往复走丝工艺的特性之一。

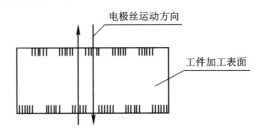

图 5-3　与电极丝运动方向有关的条纹

由于加工表面上、下两端出现黑白交错相间的条纹，使上、下两端的表面粗糙度比中部稍微差一些。当电极丝较短、储丝筒换向周期较短或者切割较厚工件时，如果进给速度和脉冲间隔调整不当，尽管加工表面看上去似乎没有条纹，但实际上条纹很密且互相重叠。

电极丝往复运动还会造成斜度。电极丝上下运动时，电极丝进口处与出口处的切缝宽窄不同(如图 5-4 所示)。宽口是电极丝的入口处，窄口是电极丝的出口处。故当电极丝往复运动时，在同一切割表面中电极丝进口与出口的高低不同。这对加工精度和表面粗糙度是有影响的。图 5-5 是切缝剖面示意图。由图可知，电极丝的切缝不是直壁缝，而是两端小、中间大的鼓形缝。这也是往复走丝工艺的特性之一。

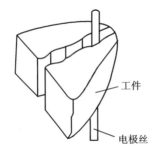

图 5-4　电极丝运动引起的斜度

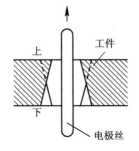

图 5-5　切缝剖面示意图

对于慢走丝线切割加工，上述不利于加工表面粗糙度的因素都可以克服。慢走丝线切割加工电极丝无须换向，加之高压冲液能够及时排出电蚀产物，所以能够避免产生黑白相间的条纹。同时，由于慢走丝线切割机床电极丝速度低、走丝稳定，因此不易产生较大的

机械振动，从而避免了加工面产生条纹。

5. 电极丝张力对工艺指标的影响

电极丝张力对工艺指标的影响如图 5-6 所示。由图可知，在起始阶段电极丝的张力越大，则切割速度越快，这是由于张力大时，电极丝的振幅小，切缝宽度窄，进给速度快。如果电极丝的张力过小，一方面电极丝抖动严重，会频繁造成短路，以致加工不稳定，加工精度不高；另一方面，电极丝过松使电极丝在加工过程中受放电压力作用而产生弯曲变形，使电极丝切割轨迹落后并偏移工件轮廓，即出现加工滞后现象，从而造成形状和尺寸误差，如切割较厚的工件时会出现腰鼓形状，严重时电极丝在运丝过程中会跳出导轮槽，从而造成断丝等故障；但如果张力过大，切割速度不仅不继续上升，反而容易断丝。断丝的机械原因主要是电极丝受材料抗拉强度的限制。因此，在慢走丝线切割加工中，粗加工时电极丝的张力可稍微调小，以保证不断丝，在精加工时稍微调大，以减小电极丝抖动的幅度来提高加工精度。

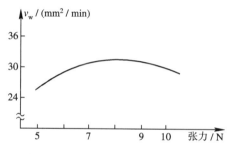

图 5-6　电极丝张力与进给速度图

在慢走丝线切割加工中，机床通常内置有工艺参数库，操作人员只需根据加工要求，选择工件材料、厚度、电极丝材料、直径等参数，即可生成标准的工艺参数。只有遇到短路、断丝时，才需要操作人员手动调整加工参数。在快走丝线切割加工中，部分机床有自动紧丝装置，操作者完全可以按相关说明书进行操作；另一部分机床需要手动紧丝，这种操作需要实践经验，一般在开始上丝时紧丝三次，在随后的加工中根据具体情况具体分析。

5.3.2　工作液对工艺指标的影响

在相同的工作条件下，采用不同的工作液可以得到不同的加工速度和表面粗糙度。电火花线切割加工的切割速度与工作液的介电系数、流动性、洗涤性等有关。目前，快走丝线切割机床普遍采用乳化液作为工作液。相较于乳化油，乳化液更为环保。慢走丝线切割机床通常使用去离子水、纯净水作为工作液。

工作液的注入方式和注入方向对电火花线切割加工精度有较大影响。工作液的注入方式有浸水式、喷水式和浸水喷水复合式三种。采用浸水式注入方式时，电火花线切割加工区域流动性差，加工不稳定，放电间隙大小不均匀，很难获得理想的加工精度；喷水式注入方式是目前国产快走丝线切割机床应用最广的一种，因为工作液以喷入这种方式强迫注入工作区域，其间隙的工作液流动更快，加工较稳定。但是，由于工作液喷入时难免带进一些空气，故不时发生气体介质放电，其蚀除特性与液体介质放电不同，从而影响了加工精度。浸水式和喷水式比较，喷水式的优点明显，所以大多数快走丝线切割机床采用这种方式。在精密电火花线切割加工中，慢走丝线切割加工普遍采用浸水喷水复合式的工作液注入方式，它既体现了喷入式的优点，同时又避免了喷入时带入空气的隐患。

工作液的喷入方向分单向和双向两种。无论采用哪种喷入方向，在电火花线切割加工中，因切缝狭小、放电区域介质液体的介电系数不均匀，所以放电间隙也不均匀，并且导致加工面不平、加工精度不高。

若采用单向喷入工作液，入口部分工作液纯净，出口处工作液杂质较多，这样会造成加工斜度，如图 5-7(a)所示；若采用双向喷入工作液，则上下入口较为纯净，中间部位杂质较多，介电系数低，这样造成鼓形切割面，如图 5-7(b)所示。工件越厚，这种现象越明显。

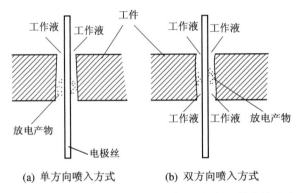

(a) 单方向喷入方式　　　　(b) 双方向喷入方式

图 5-7　工作液喷入方式对电火花线切割加工精度的影响

5.3.3　工件材料及厚度对工艺指标的影响

1. 工件材料对工艺指标的影响

工艺条件相同的情况下，工件材料的化学、物理性能不同，加工效果也会有较大差异。

在慢走丝线切割、纯净水介质情况下，加工铜件状态稳定，加工速度较快。加工硬质合金等高熔点、高硬度、高脆性材料时，加工状态稳定，但是加工速度比铜件低。加工钢件，特别是不锈钢、磁钢和未淬火或淬火硬度低的钢等材料时，加工稳定性差，加工速度低，表面粗糙度也差。

在快走丝线切割、乳化液介质情况下，加工铜件、铝件时，加工状态稳定，加工速度快。加工不锈钢、磁钢、未淬火或淬火硬度低的高碳钢时，加工稳定性差些，加工速度也低，表面粗糙度也差。加工硬质合金时，加工比较稳定，加工速度低，但表面粗糙度好。

材料不同，加工效果不同，这是因为工件材料不同，脉冲放电能量在两极上的分配、传导和转换都不同。从热学观点来看，材料的电火花加工性与其熔点、沸点有很大关系。表 5-2 为常用工件材料的有关元素或物质的熔点和沸点。由表可知，常用的电极丝材料钼的熔点为 2625℃，沸点为 4800℃，比铁、硅、锰、铬、铜、铝的熔点和沸点都高，比碳化钨、碳化钛等硬质合金基体材料的熔点和沸点要低。在单个脉冲放电能量相同的情况下，用钼丝加工硬质合金比加工钢产生的放电痕迹小，加工速度低，表面粗糙度好，但是电极丝损耗大，间隙状态恶化时容易引起断丝。

表 5-2　常用工件材料的有关元素或物质的熔点和沸点

工件材料	碳(石墨) C	钨 W	碳化钛 TiC	碳化钨 WC	钼 Mo	铬 Cr	钛 Ti	铁 Fe	钴 Co	硅 Si	锰 Mn	铜 Cu	铝 Al
熔点/℃	3700	3410	3150	2720	2625	1890	1820	1540	1495	1430	1250	1083	660
沸点/℃	4830	5930	—	6000	4800	2500	3000	2740	2900	2300	2130	2600	2060

2. 工件厚度对工艺指标的影响

工件厚度对工作液进入和流出加工区域以及电蚀产物的排出、通道的消电离等都有较大的影响。同时，电火花通道压力对电极丝抖动的抑制作用也与工件厚度有关。因此，工件厚度对电火花线切割加工的稳定性和加工速度必然产生相应的影响。工件材料薄，工作液容易进入和充满放电间隙，对排屑和消电离有利，加工稳定性好。但是工件若太薄，电极丝从工件两端面到导轮的距离大，易发生抖动，会对加工精度和表面粗糙度带来不良影响，且脉冲利用率低，切割速度下降；若工件材料太厚，工作液很难进入和充满放电间隙，这样对排屑和消电离不利，加工稳定性差。

工件材料的厚度对加工速度有较大影响。在一定的工艺条件下，加工速度将随工件厚度的变化而变化，一般都有一个对应最大加工速度的工件厚度。图 5-8 为慢走丝线切割加工工件厚度对加工速度的影响。图 5-9 为快走丝线切割加工工件厚度对加工速度的影响。

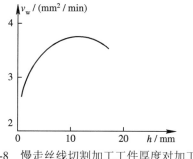

图 5-8　慢走丝线切割加工工件厚度对加工
　　　　速度的影响

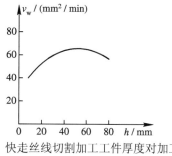

图 5-9　快走丝线切割加工工件厚度对加工
　　　　速度的影响

5.3.4　进给速度对工艺指标的影响

1. 进给速度对加工速度的影响

在电火花线切割加工时，一方面工件材料不断被蚀除，即有一个蚀除速度；另一方面，为了放电能正常进行，电极丝必须向前进给，即有一个进给速度。在正常加工中，蚀除速度大致等于进给速度，从而使放电间隙维持在一个正常的范围内，使线切割加工能连续进行下去。

蚀除速度与机床的性能、工件的材料、电参数、非电参数等有关，但一旦对某一种材料进行加工时，它就可以看成是一个常量。

2. 进给速度对工件表面质量的影响

如果进给速度调节不当，不但会造成频繁的短路、开路，而且还影响加工工件的表面粗糙度，致使工件表面出现条纹，甚至表面出现烧伤现象。这里分下列几种情况进行讨论：

(1) 进给速度过高。这时工件蚀除的线速度低于进给速度，会频繁出现短路，造成加工不稳定，平均加工速度降低，加工表面发焦，呈褐色，工件的上下端面均有过烧现象。严重时，电极丝会被拉断。

(2) 进给速度过低。这时工件蚀除的线速度大于进给速度，经常出现开路现象，导致加工不能连续进行，加工表面亦发焦，呈淡褐色，工件的上下端面也有过烧现象。

(3) 进给速度稍低。这时工件蚀除的线速度略高于进给速度，加工表面较粗、较白，两端面有黑白相间的条纹。

(4) 进给速度适宜。这时工件蚀除的线速度与进给速度相匹配，加工表面细而亮，纹路均匀。在这种情况下，能得到表面粗糙度好、精度高的加工效果。

5.3.5　火花通道压力对工艺指标的影响

在液体介质中进行脉冲放电时，产生的放电压力具有急剧爆发的特点，对放电点附近的液体、气体和蚀除物产生强大的冲击力，使之向四周喷射，同时伴随着产生光、声等效应。这种火花通道的压力对电极丝产生了较大向后的推力，使电极丝产生弯曲。图 5-10 是放电压力使电极丝弯曲的示意图。因此，实际加工轨迹往往落后于工作台运动轨迹。例如，切割直角轨迹工件时，切割轨迹应在图中 a 点处转弯，但由于电极丝受到放电压力的作用，实际加工轨迹如图中实线所示，如图 5-11 所示。

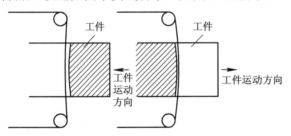

图 5-10　放电压力使电极丝弯曲示意图

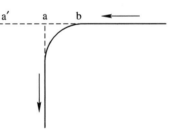

图 5-11　电极丝弯曲对加工精度的影响

为了减小电极丝受火花通道压力而造成的滞后变形使工件产生的误差，有些机床采用了特殊的补偿措施。如图 5-11 中为了避免塌角，附加了 a—a′ 段程序。当工作台的运动轨迹从 a 到 a′ 再返回到 a 点时，滞后的电极丝也刚好从 b 点运动到了 a 点。

5.4　合理选择电火花线切割加工工艺

在电火花线切割加工中，影响加工速度、加工精度、表面粗糙度等的因素很多。在实际加工中，需要根据具体情况，合理选择电火花线切割加工工艺。

1. 抓住主要矛盾，兼顾其他工艺指标

与电火花成形加工相似，在电火花线切割加工中，影响工艺指标的因素有很多，且各

种因素对工艺指标的影响既是互相关联的，又是互相矛盾的。如为了提高加工速度，可以通过增大峰值电流来实现，但这又会导致工件的表面粗糙度变差。所以在实际加工中要抓住主要矛盾，全面考虑。

加工速度与脉冲电源的波形和电参数有直接关系，它将随着单个脉冲放电能量的增加和脉冲频率的提高而提高。然而，由于受加工条件和其他因素的制约，单个脉冲放电能量不能太大。因此，提高加工速度，除了合理选择脉冲电源的波形和电参数外，还要注意其他因素的影响，如工作液的种类、浓度、脏污程度和喷流情况，电极丝的材料、直径、走丝速度和抖动情况，工件材料和厚度，加工进给速度、稳定性等，以便在两极间维持最佳的放电条件，提高脉冲利用率，得到较快的加工速度。

表面粗糙度主要取决于单个脉冲放电能量的大小，但电极丝的走丝速度、抖动情况、进给速度的控制等因素对表面粗糙度的影响也很大。电极丝张力不足，将出现电极丝张力不稳定、抖动或弯曲，因而影响加工表面粗糙度。

2. 尽量减少断丝次数

在电火花线切割加工过程中，电极丝断丝是一个很常见的问题，其后果往往也很严重。断丝一方面严重影响加工速度，特别是快走丝线切割机床在加工中间断丝；另一方面，断丝将严重影响加工工件的表面粗糙度。因此，在操作过程中，要不断积累经验，学会处理断丝问题。在电火花线切割加工中，能否正确处理断丝问题是评价操作是否熟练的重要指标。

习　题

一、判断题

（　　）1. 电火花线切割加工的加工速度通常用 mm^2/min 来表示。

（　　）2. 在快走丝线切割加工中，电极丝的运丝速度越快越好。

（　　）3. 快走丝线切割加工时，工件的加工表面往往出现黑白相间的条纹。

（　　）4. 慢走丝线切割加工精度高，因此加工中需要考虑电极丝的损耗量。

（　　）5. 为了提高电火花线切割加工速度，加工中应尽可能选择较大的峰值电流。

（　　）6. 慢走丝线切割机床的电极丝是一次性使用的，而快走丝线切割机床的电极丝是循环使用的。

（　　）7. 在慢走丝线切割加工中，广泛使用钼丝作为电极丝。

（　　）8. 在电火花线切割加工中，电极丝的直径选择应该适中，不宜过大或过小。

（　　）9. 电极丝的张力若过小，电极丝抖动厉害，会频繁造成短路，以致加工不稳定。

（　　）10. 电火花线切割工件厚度越薄，工作液越容易进入放电间隙，加工越稳定。

二、单项选择题

1. 在快走丝线切割加工中，电极丝的运丝速度通常为(　　　)左右。

A. 1 m/s　　　　　B. 3 m/s　　　　　C. 8 m/s　　　　　D. 12 m/s

2. 下列材料中，最适宜作快走丝线切割机床电极丝的是(　　　)。

A. 紫铜　　　　　B. 黄铜　　　　　C. 石墨　　　　　D. 钼

3. 下列液体中，不宜作电火花线切割机床工作液的是(　　)。

A. 矿泉水　　　　B. 蒸馏水　　　　C. 煤油　　　　　D. 去离子水

4. 下列材料中，最适宜作慢走丝线切割机床电极丝的是（　　）。

A. 紫铜　　　　　B. 黄铜　　　　　C. 石墨　　　　　D. 钼

5. 在实际加工中，快走丝线切割机床使用的电极丝的直接通常为（　　）。

A. 0.06 m　　　　B. 0.18 mm　　　C. 0.06 cm　　　　D. 0.18 cm

三、问答题

1. 试分析影响电火花线切割加工速度的因素。

2. 试分析影响电火花线切割加工工件表面粗糙度的因素。

第 6 章 电火花线切割编程、加工工艺及实例

前面讲过电火花线切割加工的具体特点及工艺规律，在实际加工中，一般按图 6-1 所示的步骤进行。

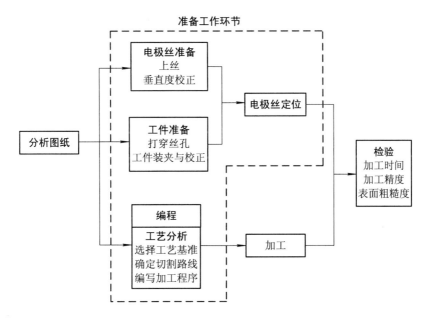

图 6-1 电火花线切割加工的步骤

由图 6-1 可以看出，电火花线切割加工主要由加工准备、加工和检验三部分组成。电火花线切割加工的准备工作有电极丝上丝、电极丝垂直度校正、工件准备、工件装夹与校正、电极丝定位、电火花线切割编程等；电火花线切割加工则涉及一些具体的加工工艺措施，如加工中电参数的调节、如何防止断丝等；产品质量的检验主要是指检验加工的精度和表面粗糙度。电火花线切割加工的准备工作、加工工艺是否合理直接影响到加工产品的质量。本章将主要讨论前两个问题。

6.1 电火花线切割编程

6.1.1 电火花线切割编程技术发展历史

我国电火花线切割编程技术的发展，经历了手工编程、袖珍计算机编程、计算机编程

等几个发展阶段。手工编程主要是计算图形元素的交点、切点的坐标值，然后根据坐标值编出电火花线切割机床能够识别的 3B、4B 程序。20 世纪 80 年代以来，随着可编程序计算器逐步进入我国市场，国内不少单位研制了用这些袖珍机来编写电火花线切割程序的软件和方法，提高了编程效率。90 年代以来，计算机技术进步为电火花线切割编程的发展提供了优越的硬件和软件条件，各种微型计算机电火花线切割自动编程系统纷纷研制成功，并推向市场。其中，比较典型的是苏州开拓电子有限公司俞荣亨研制并推向市场的 PC 编控一体化 YH 系统，它采用先进的计算机绘图技术，融合了绘图、编程功能，实现了电火花线切割自动编程。

我国电火花线切割程序代码主要有 3B 代码和 ISO 代码两种。其中，3B 代码是复旦大学为我国快走丝线切割机床研制的与之配套的数控系统所使用的代码，为我国电火花线切割加工技术的进步作出了较大贡献。

在电火花线切割机床制造领域，我国技术人员发明创造了 3B 代码为基础的操作系统、快走丝线切割机床，取得了原创性的技术成就，广泛应用于模具制造业中。党的二十大报告提出：推动制造业高端化、智能化、绿色化发展。当前，我们应充分利用我国在大数据、人工智能、工业互联网等新优势的基础上，借鉴国外先进技术，在电火花线切割智能制造、加工参数智能控制及优化、加工故障智能诊断、远程诊断等方面开展相关研究，进一步推动电火花线切割制造技术高端化、智能化。

目前生产的电火花线切割机床都有计算机自动编程功能，即可以将电火花线切割加工的轨迹图形自动生成机床能够识别的程序。

电火花线切割程序与其他数控机床的程序相比，有如下特点：

(1) 电火花线切割程序普遍较短，很容易读懂。

(2) 国内电火花线切割机床加工程序常用 3B(个别扩充为 4B 或 5B)格式和 ISO 格式。其中慢走丝线切割机床普遍采用 ISO 格式，快走丝线切割机床以前常采用 3B 格式，其发展趋势是逐渐采用 ISO 格式。

6.1.2　电火花线切割 3B 代码程序编制

电火花线切割加工轨迹图形是由直线和圆弧组成的，它们的 3B 程序指令格式如表 6-1 所示。

表 6-1　3B 程序指令格式

B	X	B	Y	B	J	G	Z
分隔符	X 坐标值	分隔符	Y 坐标值	分隔符	计数长度	计数方向	加工指令

注：B 为分隔符，它的作用是将 X、Y、J 数码区分开来；X、Y 为增量(相对)坐标值；J 为加工线段的计数长度；G 为加工线段计数方向；Z 为加工指令。

1. 直线的 3B 代码编程

1) x、y 值的确定

(1) 以直线的起点为原点，建立正常的直角坐标系，x、y 表示直线终点的坐标绝对值，单位为 μm。

(2) 在直线 3B 代码中，x、y 值主要是确定该直线的斜率，所以可将直线终点坐标的绝对值除以它们的最大公约数作为 x、y 的值，以简化数值。

(3) 如果直线与 X 或 Y 轴重合，为区别一般直线，x、y 均可写作 0，也可以不写。

如图 6-2(a)所示的轨迹形状，读者试着写出其 x、y 值，具体答案可参考表 6-2。(注：在本章图形所标注的尺寸中如果无特别说明，单位都为 mm。)

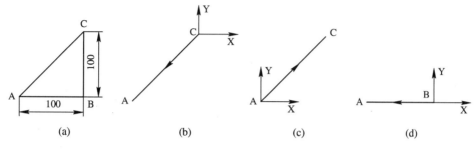

图 6-2　直线轨迹

2) G 的确定

G 用来确定加工时的计数方向，分 Gx 和 Gy。直线编程的计数方向的选取方法是：以要加工的直线的起点为原点，建立直角坐标系，取该直线终点坐标绝对值大的坐标轴为计数方向。具体确定方法为：若终点坐标为(x_e, y_e)，令 $x = |x_e|$，$y = |y_e|$，若 y<x，则 G=Gx，如图 6-3(a)所示；若 y>x，则 G=Gy，如图 6-3(b)所示；若 y=x，则在第一、第三象限取 G=Gy，在第二、第四象限取 G=Gx。

由上述可见，计数方向的确定以 45°线为界，取与终点处走向较平行的轴作为计数方向，具体可参见图 6-3(c)。

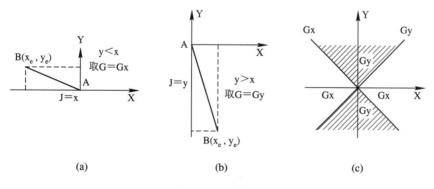

图 6-3　G 的确定

3) J 的确定

J 为计数长度，以 μm 为单位。以前编程应写满六位数，不足六位前面补零，现在的快走丝线切割机床基本上可以不用补零。

J 的取值方法为：由计数方向 G 确定投影方向，若 G=Gx，则将直线向 X 轴投影得到长度的绝对值即为 J 的值；若 G=Gy，则将直线向 Y 轴投影得到长度的绝对值即为 J 的值。

4) Z 的确定

加工指令 Z 按照直线走向和终点的坐标不同可分为 L1、L2、L3、L4，其中与+X 轴重合的直线算作 L1，与−X 轴重合的直线算作 L3，与+Y 轴重合的直线算作 L2，与−Y 轴重合的直线算作 L4，具体可参考图 6-4。

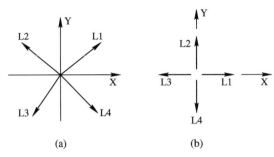

(a)　　　　　　　(b)

图 6-4　Z 的确定

综上所述，图 6-2(b)、(c)、(d)中线段的 3B 代码如表 6-2 所示。

表 6-2　3B 代码

直线	B	X	B	Y	B	J	G	Z
CA	B	1	B	1	B	100000	Gy	L3
AC	B	1	B	1	B	100000	Gy	L1
BA	B	0	B	0	B	100000	Gx	L3

2. 圆弧的 3B 代码编程

1) x、y 值的确定

以圆弧的圆心为原点，建立正常的直角坐标系，x、y 表示圆弧起点坐标的绝对值，单位为 μm。如在图 6-5(a)中，x=30000，y=40000；在图 6-5(b)中，x=40000，y=30000。

2) G 的确定

G 用来确定加工时的计数方向，分为 Gx 和 Gy。圆弧编程的计数方向的选取方法是：以圆弧圆心为原点建立直角坐标系，取终点坐标中绝对值较小的轴向为计数方向。具体确定方法为：若圆弧终点坐标为(x_e, y_e)，令 $x=|x_e|$，$y=|y_e|$，若 y<x，则 G=Gy，如图 6-5(a)所示；若 y>x，则 G=Gx，如图 6-5(b)所示；若 y=x，则 Gx、Gy 均可。

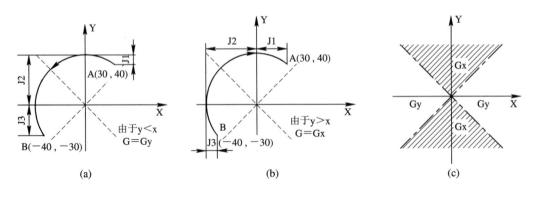

(a)　　　　　　　　(b)　　　　　　　　(c)

图 6-5　圆弧轨迹

由上述可见，圆弧计数方向由圆弧终点的坐标绝对值大小决定，其确定方法与直线刚好相反，即取与圆弧终点处走向较平行的轴作为计数方向，具体可参见图 6-5(c)。

3) J 的确定

圆弧编程中 J 的取值方法为：由计数方向 G 确定投影方向，若 G=Gx，则将圆弧向 X 轴投影；若 G=Gy，则将圆弧向 Y 轴投影。J 值为各个象限圆弧投影长度绝对值的和。如在图 6-5(a)、(b)中，J1、J2、J3 大小分别如图中所示，J=|J1|+|J2|+|J3|。

4) Z 的确定

加工指令 Z 按照第一步进入的象限可分为 R1、R2、R3、R4；按切割的走向可分为顺圆 S 和逆圆 N，于是共有 8 种指令，即 SR1、SR2、SR3、SR4、NR1、NR2、NR3、NR4，具体可参考图 6-6。

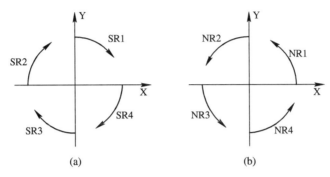

图 6-6　Z 的确定

例 6.1　试写出图 6-7 所示轨迹的 3B 程序。

解　对图 6-7(a)，起点为 A，终点为 B，因而

J=J1+J2+J3+J4=10000+50000+50000+20000=130000

故其 3B 程序为

B30000　B40000　B130000　GY　NR1

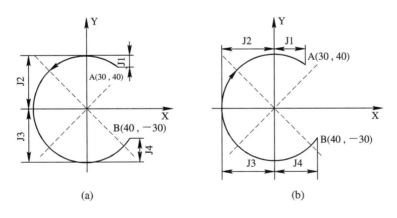

图 6-7　编程图形

对图 6-7(b)，起点为 B，终点为 A，有

J=J1+J2+J3+J4=30000+50000+50000+40000=170000

故其 3B 程序为

　　B40000　B30000　B170000　GX　SR4

例 6.2　用 3B 代码编制加工图 6-8(a)所示的电火花线切割加工程序。已知电火花线切割加工用的电极丝直径为 0.18 mm，单边放电间隙为 0.01 mm，图中 A 点为穿丝孔，加工方向沿 A—B—C—D—E—F—G—H—B 进行。

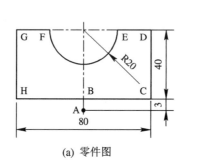
(a) 零件图

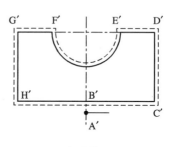
(b) 钼丝轨迹图

图 6-8　电火花线切割图形

解　(1) 分析。现有电火花线切割加工凸模状的零件图，实际加工中由于钼丝半径和放电间隙的影响，钼丝中心运行的轨迹形状如图 6-8(b)中虚线所示，即加工轨迹与零件图相差一个补偿量，补偿量的大小为

$$\delta = 钼丝半径 + 单边放电间隔 = 0.09 + 0.01 = 0.1 \text{ mm}$$

在加工中需要注意的是 $E'F'$ 圆弧的编程，圆弧 EF[如图 6-8(a)所示]与圆弧 $E'F'$[如图 6-8(b)所示]有较多不同点，它们的特点比较如表 6-3 所示。

表 6-3　圆弧 EF 和 $E'F'$ 特点比较表

比较项目	起点	起点所在象限	圆弧首先进入象限	圆弧经历象限
圆弧 EF	E	X 轴上	第四象限	第四、三象限
圆弧 $E'F'$	E'	第一象限	第一象限	第一、二、三、四象限

(2) 计算并编制圆弧 $E'F'$ 的 3B 代码。在图 6-8(b)中，最难编制的是圆弧 $E'F'$，其具体计算过程如下：

以圆弧 $E'F'$ 的圆心为坐标原点，建立直角坐标系，则 E' 点的坐标为：$Y_{E'} = 0.1$ mm，$X_{E'} = \sqrt{(20-0.1)^2 - 0.1^2} = 19.900$ mm。根据对称原理可得 F' 的坐标为(−19.900, 0.1)。

根据上述计算可知圆弧 $E'F'$ 的终点坐标的 Y 的绝对值小，所以计数方向为 Y。

圆弧 $E'F'$ 在第一、二、三、四象限分别向 Y 轴投影得到长度的绝对值分别为 0.1 mm、19.9 mm、19.9 mm、0.1 mm，故 J=40000。

圆弧 $E'F'$ 首先在第一象限顺时针切割，故加工指令为 SR1。

由上述可知，圆弧 $E'F'$ 的 3B 代码为

　　B19900 B100 B40000 GY SR1

(3) 经过上述分析计算，可得轨迹形状的 3B 程序，如表 6-4 所示。

表 6-4　切割轨迹 3B 程序

轨迹	B	X	B	Y	B	J	G	Z
A′B′	B	0	B	0	B	2900	GY	L2
B′C′	B	40100	B	0	B	40100	GX	L1
C′D′	B	0	B	40200	B	40200	GY	L2
D′E′	B	0	B	0	B	20200	GX	L3
E′F′	B	19900	B	100	B	40000	GY	SR1
F′G′	B	20200	B	0	B	20200	GX	L3
G′H′	B	0	B	40200	B	40200	GY	L4
H′B′	B	40100	B	0	B	40100	GX	L1
B′A′	B	0	B	2900	B	2900	GY	L4

例 6.3　用 3B 代码编制加工图 6-9 所示的凸模电火花线切割加工程序，已知电极丝直径为 0.18 mm，单边放电间隙为 0.01 mm，图中 O 为穿丝孔，拟采用的加工路线为 O－E－D－C－B－A－E－O。

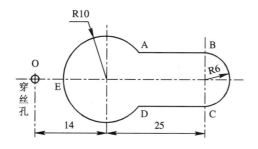

图 6-9　加工零件图

解　经过分析，得到具体程序，如表 6-5 所示。

表 6-5　切割轨迹 3B 程序

轨迹	B	X	B	Y	B	J	G	Z
OE	B	3900	B	0	B	3900	GX	L1
ED	B	10100	B	0	B	14100	GY	NR3
DC	B	16950	B	0	B	16950	GX	L1
CB	B	0	B	6100	B	12200	GX	NR4
BA	B	16950	B	0	B	16950	GX	L3
AE	B	8050	B	6100	B	14100	GY	NR1
EO	B	3900	B	0	B	3900	GX	L3

6.1.3　电火花线切割 ISO 代码程序编制

1. ISO 代码简介

同前面介绍过的电火花成形加工用的 ISO 代码一样，电火花线切割加工代码主要有 G 指令(即准备功能指令)、M 指令和 T 指令(即辅助功能指令)，具体见表 6-6。

表 6-6　常用的电火花线切割加工指令

代　码	功　　能	代　码	功　　能
G00	快速移动、定位指令	G84	自动取电极垂直
G01	直线插补	G90	绝对坐标指令
G02	顺时针圆弧插补指令	G91	增量坐标指令
G03	逆时针圆弧插补指令	G92	定义坐标原点
G04	暂停指令	M00	暂停指令
G17	XOY 平面选择	M02	程序结束指令
G18	XOZ 平面选择	M05	忽略接触感知
G19	YOZ 平面选择	M98	子程序调用
G20	英制	M99	子程序结束
G21	公制	T82	加工液保持 OFF
G40	取消电极丝补偿	T83	加工液保持 ON
G41	电极丝半径左补偿	T84	打开喷液指令
G42	电极丝半径右补偿	T85	关闭喷液指令
G50	取消锥度补偿	T86	送电极丝(阿奇公司)
G51	锥度左倾斜(沿电极丝行进方向，向左倾斜)	T87	停止送丝(阿奇公司)
G52	锥度右倾斜(沿电极丝行进方向，向右倾斜)	T80	送电极丝(沙迪克公司)
G54	选择工作坐标系 1	T81	停止送丝(沙迪克公司)
G55	选择工作坐标系 2	T90	AWTI，剪断电极丝
G56	选择工作坐标系 3	T91	AWTII，使剪断后的电极丝用管子通过下部的导轮送到接线处
G80	移动轴直到接触感知		
G81	移动到机床的极限	T96	送液 ON，向加工槽中加液体
G82	回到当前位置与零点的一半处	T97	送液 OFF，停止向加工槽中加液体

对于以上代码，部分与数控铣床、车床的代码相同，下面通过实例来学习电火花线切割加工中常用的 ISO 代码。

例 6.4　如图 6-10(a)所示，ABCD 为矩形工件，矩形件中有一直径为 $\phi 30$ mm 的圆孔，欲将该孔扩大到 $\phi 35$ mm。已知 AB、BC 边为设计、加工基准，电极丝直径为 0.18 mm，试写出相应操作过程及加工程序。

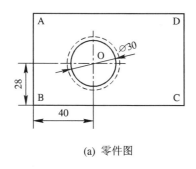

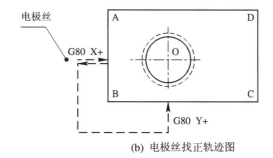

(a) 零件图　　　　　　　　　　　(b) 电极丝找正轨迹图

图 6-10　零件加工示意图

解　上面的任务主要分两部分完成，首先将电极丝定位于圆孔的中心，然后写出加工程序。本实例主要讲述电极丝定位于圆孔中心的过程。

电极丝定位于圆孔的中心有以下两种方法：

方法一：首先用电极丝碰 AB 边，将 X 坐标清零，再碰 BC 边，将 Y 坐标清零，然后松开电极丝，移动轴到坐标值(40.09，28.09)位置。 具体过程如下：

(1) 清理孔内毛刺，将待加工零件装夹在电火花线切割机床工作台上，用千分表找正，使零件的设计基准 BC 基面与机床工作台的 X 轴平行。

(2) 将电极丝移动到 AB 边的左边，大致保证电极丝与圆孔中心的 Y 坐标相近(尽量消除工件 ABCD 装夹不佳带来的影响，理想情况下工件的 AB 边应与工作台的 Y 轴完全平行，但是实际很难做到)。

(3) 用 MDI 方式执行指令：

　　G80 X+;

　　G92 X0;

(4) 将电极丝移动到 BC 边的下边，大致保证电极丝与圆孔中心的 X 坐标相近。

(5) 用 MDI 方式执行指令：

　　G80 Y+;

　　G92 Y0;

　　T90;　　　　　/仅适用慢走丝，目的是自动剪丝；对快走丝机床，则需手动松开电极丝

　　G00 X40.09 Y28.09;

(6) 为了保证定位准确，往往需要确认。具体方法是：在找到的圆孔中心位置用 MDI 或别的方法执行指令 G55 G92 X0 Y0;然后再在 G54 坐标系(G54 坐标系为机床默认的工作坐标系)中按前面(1)～(4)所示的步骤重新找圆孔中心位置，并观察该位置在 G55 坐标系下的坐标值。若 G55 坐标系的坐标值与(0，0)相近或刚好是(0，0)，则说明找中心较准确，否则需要重新找中心，直到最后两次中心孔在 G55 坐标系中的坐标相近或相同时为止。

方法二：将电极丝在孔内穿好，然后按操作面板上的"找中心"按钮即可自动找到圆孔的中心。 具体过程为：

(1) 清理孔内毛刺，将待加工零件装夹在电火花线切割机床工作台上。

(2) 将电极丝穿入圆孔中。

(3) 按下"找中心"按钮找中心，记下该位置的坐标值。

(4) 再次按下"找中心"按钮找中心，对比当前的坐标和上一步骤得到的坐标值；若数字重合或相差很小，则认为找中心成功。

比较两种方法：利用"找中心"按钮操作简便，速度快，适用于圆度较好的孔或对称形状的孔状零件，但是，如果由于磨损等原因(如图 6-11 中阴影所示)造成孔不圆，则不宜采用。利用设计基准找中心不但可以精确找到对称形状的圆孔、方孔等的中心，还可以精确定位于各种复杂孔形零件内的任意位置。所以，虽然该方法较复杂，但在实际加工中仍得到了广泛的应用。

图 6-11　孔磨损

综上所述，电火花线切割定位有两种方法，这两种方法各有优劣，但其中关键一点是要采用有效的方法进行确认。一般来说，电火花线切割的定位要重复几次，至少保证最后两次定位位置的坐标值相同或相近。通过灵活采用上述方法，能够实现电极丝定位精度在 0.005 mm 以内，从而有效地保证电火花线切割加工的定位精度。

例6.5 结合图 6-12 所示的锥度加工平面图和立体效果图，理解锥度加工的 ISO 程序，并总结锥度加工代码 G50、G51、G52 的用法。

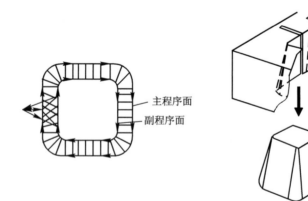

(a) 从Z+轴方向看到的电极丝的动作　　　(b) 锥度加工立体图

图 6-12　锥度加工实例

G92 X-5000 Y0；

G52 A2.5 G90 G01 X0；

G01 Y4700；

G02 X300 Y5000 I300；

G01 X9700;

G02 X10000 Y4700 J-300;

G01 Y-4700;

G02 X9700 Y5000 I-300;

G01 X300;

G02 X0 Y-4700 J300;

G01 Y0;

G50 G01 X-5000;

M02;

解　上述锥度加工的实例，在锥度加工中的要点如下：

(1) G50、G51、G52 分别为取消电极丝倾斜、电极丝左倾斜(沿着电极丝前进方向看，电极丝向左倾斜)、电极丝右倾斜(沿着电极丝前进方向看，电极丝向右倾斜)。

(2) A 为电极丝倾斜的角度，单位为°(度)。

(3) G50、G51、G52 只能在直线上进行，不能在圆弧上进行。

(4) 为了实现锥度加工，必须在加工前设置相关参数，不同的机床需要设置的参数不同。例如，沙迪克慢走丝线切割机床需要设置以下四个参数(如图 6-13 所示)：

① 工作台-上模具距离(即从工作台到上模具为止的距离)；

② 工作台-主程序面距离(即从工作台到主程序面为止的距离，主程序面上的加工物的尺寸与程序中编制的尺寸一致，为优先保证尺寸)；

③ 工作台-副程序面距离(即从工作台上面到另一个有尺寸要求的面的距离，副程序面是另一个希望有尺寸要求的面，此面的尺寸要求低于主程序面)；

④ 工作台-下模具间距离(即从下模具到工作台上面的距离)。

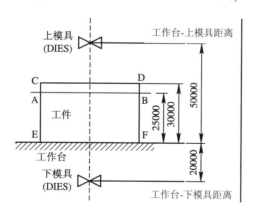

图 6-13　锥度加工参数

在图 6-13 中，若以 A-B 为主程序面，C-D 为副程序面，则相关参数值为

工作台-上模具距离 = 50.000 mm

工作台-主程序面距离 = 25.000 mm

工作台-副程序面距离 = 30.000 mm

工作台-下模具间距离 = 20.000 mm

在图 6-13 中，若以 A-B 为主程序面，E-F 为副程序面，则相关参数值为

　　　　工作台-上模具距离 = 50.000 mm

　　　　工作台-主程序面距离 = 25.000 mm

　　　　工作台-副程序面距离 = 0.000 mm

　　　　工作台-下模具间距离 = 20.000 mm

2. ISO 代码编程

不同公司的 ISO 程序大致相同，但具体格式会有所区别，下面以北京阿奇公司 FW 系列快走丝线切割机床的程序(为便于阅读，删除部分代码)为例说明 ISO 代码编程，其加工轨迹如图 6-14 所示。

图 6-14　加工轨迹示意图

　　　　H000=+00000000　　　　　　H001=+00000100;

　　　　H005=+00000000;

　　　　T84 T86 G54 G90 G92X+0Y+0;　/T84 为打开喷液指令，T86 为送电极丝

　　　　C007;

　　　　G01X+14000Y+0;G04X0.0+H005;

　　　　G41H001;

　　　　C001;

　　　　G01X+15000Y+0;G04X0.0+H005;

　　　　G03X-15000Y+0I-15000J+0;G04X0.0+H005;

　　　　X+15000Y+0I+15000J+0;G04X0.0+H005;

　　　　G40H000G01X+14000Y+0;

　　　　M00;

　　　　C007;

　　　　G01X+0Y+0;G04X0.0+H005;

　　　　T85 T87 M02;　　　　　　　　　　　　/T85 为关闭喷液指令，T87 为停止送电极丝

　　　　(:: The Cutting length=　109.247778 MM);

分析该程序，总结如下：

(1) 在上述 ISO 程序中，通过 C001 等代码来调用加工参数，C001 设定了加工中的各种参数(如 ON、OFF、IP 等)。加工参数的设置调用方法因机床的不同而不同，具体细节可参考机床的操作说明书。

采用 ISO 代码编程的电火花线切割机床有庞大的参数库，在其参数库中存储了大量常用的加工参数。

(2) G40、G41、G42 分别为取消电极丝补偿、电极丝左补偿(即沿着电极丝行进方向，电极丝中心在轮廓左侧)、电极丝右补偿(即沿着电极丝行进方向，电极丝中心在轮廓右侧)。

电极丝加补偿及取消补偿都只能在直线上进行，在圆弧上加补偿或取消补偿都会出错，例如：

G40 G02 X20. Y0 I10. J0; (错误程序)

很多电火花线切割的 ISO 程序可以直接改变电极丝补偿值大小(如图 6-15 所示)、补偿方向(如图 6-16 所示)，而不需通过 G40 转换。

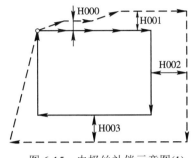

图 6-15　电极丝补偿示意图(1)

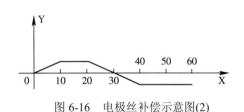

图 6-16　电极丝补偿示意图(2)

例 6.6　下面的程序是电极丝补偿值变更实例，其轨迹示意图如图 6-15 所示。

G54 G92 X0 Y0;

G41 H000；

G01 X10.；

　　　X20.；

H001 G01 X30.；

　　　　　X40.；

H002 G01 Y−30.；

H003 G01 X.；

G40 G01 Y0.；

M02；

例 6.7　下面的程序是电极丝补偿方向变更实例，其轨迹示意图如图 6-16 所示。

G90 G92 X0 Y0;

G41 H000;

G01 X10;

G01 X20;

G42 H000;

G01 X40;

例 6.8　认真阅读下面的 ISO 程序，并回答问题。

H000=+00000000　　　　　　　H001=+00000100;

H005=+00000000;

T84 T86 G54 G90 G92X+0Y+0;

C007;

G01X+4000Y+0;G04X0.0+H005;

G41H000;

C001;

G41H000;

G01X+5000Y+0;G04X0.0+H005;

G41H001;

G03X-5000Y+0I-5000J+0;G04X0.0+H005;

X+5000Y+0I+5000J+0;G04X0.0+H005;

G40H000G01X+4000Y+0;

M00;　　　　　　　　　　　　　　　　/①

C007;

G01X+0Y+0;G04X0.0+H005;

T85 T87;

M00;　　　　　　　　　　　　　　　　/②

M05G00X+20000;

M05G00Y+0;

M00;　　　　　　　　　　　　　　　　/③

H000=+00000000　　　　　H001=+00000100;

H005=+00000000;T84 T86 G54 G90 G92X+20000Y+0;

C007;

G01X+16000Y+0;G04X0.0+H005;

G41H000;

C001;

G41H000;

G01X+15000Y+0;G04X0.0+H005;

G41H001;

G02X-15000Y+0I-15000J+0;G04X0.0+H005;

X+15000Y+0I+15000J+0;G04X0.0+H005;

G40H000G01X+16000Y+0;

M00;

C007;

G01X+20000Y+0;G04X0.0+H005;

T85 T87 M02;

(:: The Cutting length=　135.663704 MM);

(1) 画出加工出的零件图，并标明相应尺寸。

(2) 在零件图上画出穿丝孔的位置，并注明加工中的补偿量。

(3) 上面程序中①、②、③的含义是什么？

解　(1) 零件图形如图 6-17 所示，这是用电火花线切割跳步加工同心圆的实例。

(2) 由 H001=+00000100 可知，补偿量为 0.1 mm。

(3) ①的含义为：暂停，直径为 10 mm 的孔里的废料可能掉下，提示拿走。

②的含义为：暂停，直径为 10 mm 的孔已经加工完，提示松开电极丝，准备将机床移到另一个穿丝孔。

③的含义为：暂停，准备在当前的穿丝孔位置穿丝。

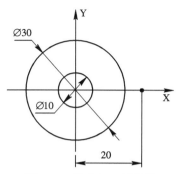

图 6-17 跳步加工零件图

6.2 电火花线切割加工准备工作

6.2.1 电极丝穿丝

慢走丝线切割机床的穿丝较简单，本书以快走丝线切割机床为例讨论电极丝的上丝、穿丝及调节行程的方法。

1. 上丝操作

上丝是将电极丝从丝盘上绕到快走丝线切割机床储丝筒上的过程。不同的快走丝线切割机床操作可能略有不同，下面以北京阿奇公司的 FW 系列快走丝线切割机床为例说明上丝的要点(如图 6-18、图 6-19、图 6-20 所示)。

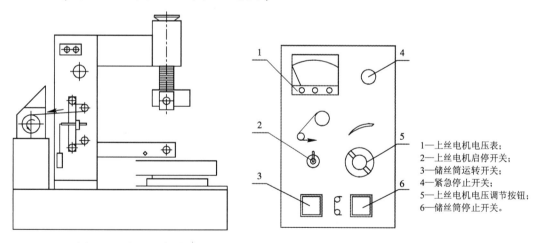

1—上丝电机电压表；
2—上丝电机启停开关；
3—储丝筒运转开关；
4—紧急停止开关；
5—上丝电机电压调节按钮；
6—储丝筒停止开关。

图 6-18 上丝示意图   图 6-19 储丝筒操作面板

(1) 上丝前，要先移开左、右行程开关，然后启动储丝筒，将其移动到行程左端或右端的极限位置(目的是将电极丝上满，如果不需要上满，则不需要移动到极限位置)。

(2) 在上丝过程中，要打开上丝电机启停开关，并旋转上丝电机电压调节按钮以调节上丝电机的反向力矩(目的是保证上丝过程中电极丝有均匀的张力，避免电极丝打结)。

(3) 按照机床的操作说明书中上丝示意图的提示将电极丝从丝盘上绕到储丝筒上。

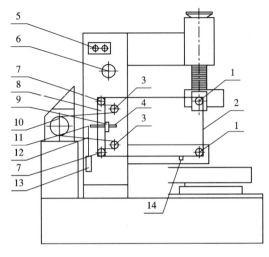

1—主导轮；2—电极丝；3—辅助导轮；
4—直线导轨；5—工作液旋钮；6—上丝盘；
7—张紧导轮；8—移动板；9—导轨滑块；
10—储丝管；11—定滑轮；12—绳索；
13—重锤；14—导电块。

图 6-20　穿丝示意图

2. 穿丝操作

(1) 拉住电极丝头部，按照操作说明书的说明依次通过各导轮、导电块至储丝筒(如图 6-20 所示)。在操作中要注意力度，防止电极丝折弯打结。

电极丝的穿丝

(2) 穿丝时，首先要保证储丝筒上的电极丝与辅助导轮、张紧导轮、主导轮在同一个平面上，否则在运丝过程中，储丝筒上的电极丝会重叠，从而导致断丝。

(3) 穿丝中要注意控制左右行程挡杆，使储丝筒左右往返换向时，储丝筒左右两端留有 3～5 mm 的余量。

6.2.2　电极丝垂直度校正

在进行精密零件加工或切割锥度前，需要重新校正电极丝对工作台平面的垂直度。电极丝垂直度校正的常见方法有两种，一种是利用找正块，一种是利用校正器。

电极丝垂直度
校正

1. 利用找正块进行火花法找正

找正块是一个六方体或类似六方体，如图 6-21(a)所示。在校正电极丝垂直度时，首先目测电极丝的垂直度，如果明显不垂直，则调节 U、V 轴，使电极丝大致垂直于工作台；然后将找正块放在工作台上，在弱加工条件下，将电极丝沿 X 方向缓缓移向找正块。当电极丝快碰到找正块时，电极丝与找正块之间产生火花放电，然后观察火花：如果火花上下均匀[如图 6-21(b)所示]，则表明在该方向上电极丝垂直度良好；如果下面火花多[如图 6-21(c)所示]，则说明电极丝右倾，需将 U 轴的值调小，直至火花上下均匀；如果上面火花多[如图 6-21(d)所示]，则说明电极丝左倾，需要将 U 轴的值调大，直至火花上下均匀。同理，调节 V 轴的值，使电极丝在 V 轴方向垂直度良好。

在用火花法校正电极丝的垂直度时，需要注意以下几点：

(1) 找正块使用一次后，其表面会留下细小的放电痕迹。下次找正时，要重新换位置，不能用有放电痕迹的位置碰火花校正电极丝的垂直度。

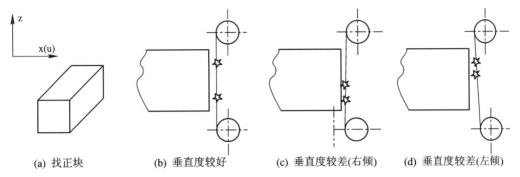

(a) 找正块   (b) 垂直度较好   (c) 垂直度较差(右倾)   (d) 垂直度较差(左倾)

图 6-21 用火花法校正电极丝垂直度

(2) 校正 U、V 轴的垂直度后,需要再次检验电极丝的垂直度。具体方法是:重新分别从 U、V 轴方向碰火花,看火花是否均匀,如果 U、V 方向上火花均匀,则说明电极丝垂直度较好;若 U、V 方向上火花不均匀,则需要重新校正,再检验。

(3) 在校正电极丝垂直度之前,电极丝应张紧,张力与加工中使用的张力相同。

(4) 在用火花法校正电极丝垂直度时,电极丝要运转,以免电极丝断丝。

2.用校正器进行校正

校正器是一个触点与指示灯构成的光电校正装置,电极丝与触点接触时指示灯亮。它的灵敏度较高,使用方便且直观。校正器的底座用耐磨不变形的大理石或花岗岩制成(如图 6-22、图 6-23 所示)。

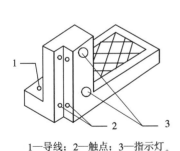

1—导线;2—触点;3—指示灯。

图 6-22 垂直度校正器

1—上下测量头(a、b 为放大的测量面);
2—上下指示灯; 3—导线及夹子;
4—盖板;5—支座。

图 6-23 DF55-J50A 型垂直度校正器

使用校正器校正电极丝垂直度的方法与火花法大致相似。主要区别是:火花法是观察火花上下是否均匀,而用校正器则是观察指示灯。若在校正过程中,指示灯同时亮,则说明电极丝垂直度良好,否则需要校正。

在使用校正器校正电极丝的垂直度时,要注意以下几点:

(1) 电极丝停止走丝,不能放电。

(2) 电极丝应张紧,电极丝的表面应干净。

(3) 电极丝垂直度校正之后,需要再次检验电极丝的垂直度,其方法与火花法类似。

6.2.3　工件的装夹

电火花线切割加工属于较精密加工，工件的装夹对加工零件的定位精度有直接影响，特别在模具制造等加工中，需要认真、仔细地装夹工件。

电火花线切割工件的
装夹与校正

电火花线切割加工的工件在装夹过程中需要注意如下几点：

(1) 确认工件的设计基准或加工基准面，尽可能使设计或加工的基准面与 X、Y 轴平行。

(2) 工件的基准面应清洁、无毛刺。经过热处理的工件，在穿丝孔内及扩孔的台阶处，要清理热处理残留物及氧化皮。

(3) 工件装夹的位置应有利于工件找正，并应与机床行程相适应。

(4) 工件的装夹应确保加工中电极丝不会过分靠近或误切到机床工作台。

(5) 工件的夹紧力大小要适中、均匀，不得使工件变形或翘起。

在电火花线切割加工中，工件的装夹方法较简单，常见的装夹方式如图 6-24 所示。目前，很多电火花线切割机床制造商都配有自己的专用夹具，图 6-25 所示为电火花线切割加工常用的专用夹具，图 6-26 所示为 3R 专用夹具。

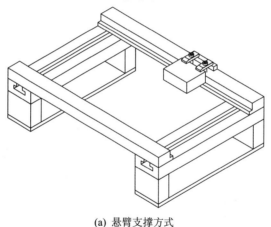

(a) 悬臂支撑方式

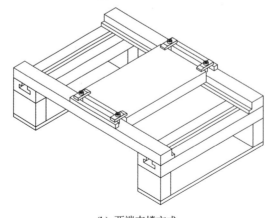

(b) 两端支撑方式

图 6-24　常见的装夹方式

图 6-25　电火花线切割专用夹具

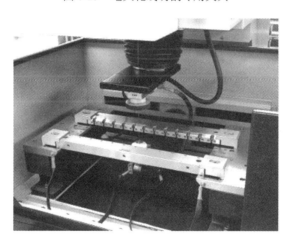

图 6-26　3R 专用夹具

6.2.4　工件的找正

工件的找正精度关系到电火花线切割加工零件的位置精度。在实际生产中，根据加工零件的重要性，往往采用按划线找正、按基准找正等方法。其中按划线找正用于精度要求不高的加工，按基准找正方法可参考例 6.4。

6.3　电火花线切割加工工艺

6.3.1　电火花线切割穿丝孔

1. 穿丝孔的作用

在电火花线切割加工中，穿丝孔的主要作用有：

(1) 对于切割凹模或带孔的工件，必须先有一个孔用来将电极丝穿进去，然后才能进行加工。

(2) 减小工件在电火花线切割加工中的变形。在电火花线切割中工件材料的内应力因切割失去平衡而产生变形，影响加工精度，严重时切缝甚至会夹住、拉断电极丝。综合考虑内应力导致的变形等因素，可以看出，图 6-27 中图(c)的穿丝孔位置及切割方向最好。在图(d)中，零件与坯料工件的主要连接部位被过早地割离，余下的材料被夹持部分少，工件刚性大大降低，容易产生变形，从而影响加工精度。

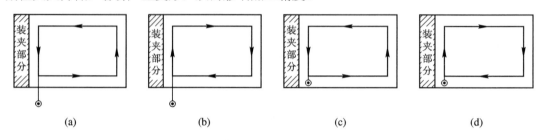

(a) (b) (c) (d)

图 6-27　切割凸模时穿丝孔位置及切割方向比较图

2. 穿丝孔的注意事项

(1) 穿丝孔的加工。

穿丝孔的加工方法取决于现场的设备。在生产中穿丝孔常常用钻头直接钻出来，对于材料硬度较高或厚度较高的工件，则需要使用高速电火花穿孔机加工穿丝孔。

(2) 穿丝孔位置和直径的选择。

穿丝孔的位置与加工轮廓的最小距离和工件的厚度有关，工件越厚，则最小距离越大，一般不小于 3 mm。在实际中穿丝孔有可能打歪，如果穿丝孔与加工轮廓的最小距离过小[如图 6-28(a)所示]，则可能导致工件报废；如果穿丝孔与加工轮廓的位置过大[如图 6-28(b)所示]，则会增加切割行程。图 6-28 中，虚线为加工轨迹，圆形小孔为穿丝孔。

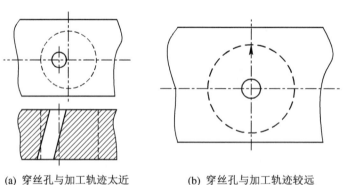

(a) 穿丝孔与加工轨迹太近　　(b) 穿丝孔与加工轨迹较远

图 6-28　穿丝孔的大小与位置

穿丝孔的直径不宜过小或过大，否则加工较困难。如果由于零件轨迹等方面的因素要求穿丝孔的直径必须很小，那么在打穿丝孔时要小心，尽量避免将穿丝孔打歪或尽可能减小穿丝孔的深度。图 6-29(a)直接用电火花穿孔机打孔，操作较困难；图 6-29(b)是在不影响加工的情况下，将底部先铣削出一个较大的底孔来减小穿丝孔的深度，从而降低打孔的难度。这种方法在加工塑料模的顶杆孔等零件时常常应用。

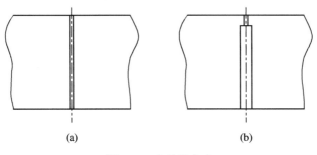

图 6-29　穿丝孔高度

穿丝孔加工完成后，一定要注意清理里面的毛刺，以避免在加工中产生短路从而导致加工不能正常进行。

6.3.2　多次切割加工

电火花线切割多次切割加工首先采用较大的电流和补偿量进行粗加工，然后逐步用小电流和小补偿量一步一步精修，从而得到较好的加工精度和光滑的加工表面。目前，慢走丝线切割加工普遍采用了多次切割加工工艺。

下面以一个慢走丝线切割加工程序来说明多次切割的特点。

(		ON	OFF	IP	HRP	MAO	SV	V	SF	C	WT	WS	WC):
C001	=	003	015	2015	112	480	090	8	0020	0	009	000	000
C002	=	002	014	2015	000	490	073	5	4025	0	000	000	000
C003	=	001	010	1015	000	490	072	3	4030	0	000	000	000
C004	=	000	006	0030	000	110	072	1	4030	0	000	000	000
C005	=	000	005	0007	000	110	071	1	4035	0	000	000	000
C901	=	000	005	0015	000	000	000	8	2060	0	000	000	000
C911	=	000	005	0015	000	000	000	7	2050	0	000	000	000
C921	=	000	005	0015	000	000	000	6	0050	0	000	000	000

```
;
H000  =  +000000000      H001  =  +000001960      H002  =  +000001530;
H003  =  +000001430      H004  =  +000001370      H005  =  +000001340;
H006  =  +000001330      H007  =  +000001305      H008  =  +000001285;
N000(MAIN PROGRAM);
G90;
G54;
G92X0Y0Z0;
G29   /设置当前点为主参考点
T84;  /高压喷流
C001WS00WT00;
G01Y4500;
```

```
C001WS00WT00;
G42H001;
M98P0010;
T85;  /关闭高压喷流
C002WSWT00;
G41H002;
M98P0030;
C003WS00WT00;
G42H003;
M98P0020;
C004WS00WT00;
G41H004;
M98P0030;
C005WS00WT00;
G42H005;
M98P0020;
C901WS00WT00;
G41H006;
M98P0030;
C911WS00WT00;
G42H007;
M98P0020;
C921WS00WT00;
G41H008;
M98P0030;
M02;
;
N0010(SUB PRO 1/G42)
G01Y5000;
G02X0Y5000J-5000;
M00;      /圆孔中的废料完全脱离工件本体, 提示操作者查看废料是否掉在喷嘴上或是否
M00;       与电极丝接触, 以便及时处理, 避免断丝; 若处于无人加工状态, 则应删掉
G40G01Y4500;
M99;

N0020 (SUB PRO 2/G42)
G01Y5000;
G02X0Y5000J-5000;
G40G01Y4500;
```

M99;

N0030(SUB PRO 2/G41)

G01 Y5000;

G03X0Y5000J-5000;

G40G01Y4500;

M99;

上述 ISO 程序切割的是一个直径为 10 mm 的圆孔(如图 6-30、图 6-31 所示),其特点如下:

(1) 首先采用较强的加工条件 C001(电流较大)进行第一次切割,补偿量大,然后依次采用较弱的加工条件逐步进行精加工,电极丝的补偿量依次逐渐减小。

(2) 相邻两次的切割方向相反,所以电极丝的补偿方向相反。如第一次切割时电极丝的补偿方向为右补偿 G42,第二次切割时电极丝的补偿方向为左补偿 G41。

(3) 在多次切割时,为了改变加工条件和补偿值,电极丝需要离开加工轨迹一段距离,这段距离称为脱离长度。如图 6-29、图 6-30 所示,O 点为起割点,轨迹上的 B 点为切入点,AB 的距离为脱离长度。脱离长度一般较短,目的是减少空行程。

(4) 本程序采用了八次切割。具体切割的次数根据机床、加工要求等来确定。

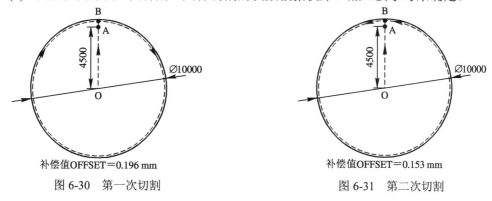

图 6-30 第一次切割 图 6-31 第二次切割

上面切割的是凹模(或孔类零件),如果用同样的方法来切割凸模(或柱状零件)[如图 6-32(a)所示],那么在第一次切割完成时,凸模(或柱状零件)就与工件毛坯本体分离,第二次切割将切割不到凸模(或柱状零件)。因此在切割凸模(或柱状零件)时,大多采用图 6-32(b)所示的四次切割方法。

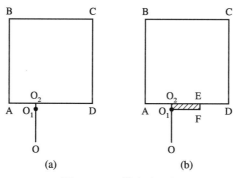

图 6-32 凸模多次切割

如图 6-32(b)所示，第一次切割的路径为 O—O_1—O_2—A—B—C—D—E—F，第二次切割的路径为 F—E—D—C—B—A—O_2—O_1，第三次切割的路径为 O_1—O_2—A—B—C—D—E—F，第四次切割的路径为 F—E—D—C—B—A—O_2—O_1。通过四次切割，O_2—A—B—C—D—E 部分已经加工完成，尺寸精度和表面粗糙度达到要求，但 O_2E 段作为支撑段尚未与工件毛坯分离。第四次切割结束后，需要继续加工，将 O_2E 段去除。O_2E 段的长度一般为 AD 段的 1/3 左右，长度太短了支撑力不够。

在实际加工中，可采用的去除 O_2E 段的工艺方法有多种，几种常见工艺如下：

(1) 首先以第一次切割的加工条件用线切割加工沿 O_1F 路径将支撑段切断，此时在凸模上会留下一微小凸台，然后在磨床上磨去该凸台。这种工艺方法应用较普遍，但对于圆柱等曲边形零件不大适用。

(2) 吹干切缝，塞入铜丝、铜片等导电材料，在铜丝、铜片上滴 502 胶水，等胶水凝固后，再对 O_2E 边多次切割。

(3) 用一狭长铁条架在切缝上面，并将铁条用金属胶粘接在工件和坯料上，再对 O_2E 边多次切割。

上面介绍了电火花线切割多次切割的技术。目前国内快走丝线切割机床上的多次加工技术发展很快，已经在快走丝线切割机床上实现了多次切割功能，加工出的工件质量介于传统快走丝线切割机床和慢走丝线切割机床之间。在快走丝线切割机床上实现多次切割加工的电火花线切割机床习惯上称为中走丝线切割机床(Medium-speed Wire cut Electrical Discharge Machining，简写为 MS-WEDM)，其本质上仍然属于快走丝线切割机床。

与传统的快走丝线切割机床和慢走丝线切割机床相比，中走丝线切割机床具有两者的优点。中走丝线切割机床能实现多次切割加工，因此加工的工件的尺寸精度大幅提高，表面粗糙度得到极大改善。同时中走丝线切割机床的结构仍然和传统的快走丝线切割机床类似，电极丝在工作中往复运动，机床的价格和使用成本与快走丝线切割机床几乎相同，远远低于慢走丝线切割机床，因此得到了广泛的应用。

6.3.3　电火花线切割加工实例

1. 电火花线切割加工区域 5S 管理

电火花线切割加工的加工精度达到了微米级，加工精度较高。为了保证工件的加工质量，在电火花线切割加工中，除了按照相应的规范进行工件的装夹及校正、电极丝的校正与定位外，还必须做好电火花线切割加工区域的 5S 管理(如表 6-7 所示)。

表 6-7　某公司电火花线切割加工区域 5S 管理规定(部分)

工作内容	作　业　标　准
作业前 5S	1. 对区域进行定期检查，区域内物品不能跨线或压线摆放。 2. 对加工工件及工具要摆放整齐规范，不能违规操作。 3. 保持区域干净、整齐。 4. 开机前做好设备的检查

续表

工作内容	作 业 标 准
作业中 5S	1. 所有区域都有区域负责人，负责本区域 5S 管理。 2. 区域内保持干净整洁，电火花线切割加工中产生的垃圾需立即处理。 3. 如发现设备或工具损坏，没有按规定摆放，区域负责人应第一时间进行处理，对报废的物料及工具进行隔离处置并进行标识，按照不合格品控制程序进行处理。 4. 共用工具用完后要放置在原位，方便其余的同事使用
作业后 5S	1. 区域负责人下班前要对责任区域做最后检查：区域清扫及物品归位。 2. 电火花线切割机床操作员工需处理好自己的工位，维护好现场，保持干净

2. 电火花线切割加工实例

例 6.9　现有高速钢车刀条(如图 6-33 所示)，需要用电火花线切割机床加工成图 6-34 所示的切断车刀，试说明加工过程。

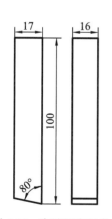

图 6-33　高速钢车刀条

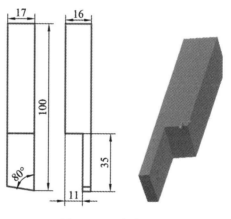

图 6-34　切断车刀

> **加工准备**

(1) 工艺分析。

① 加工轮廓位置确定：根据图 6-33 和图 6-34，分析确定电火花线切割加工轮廓 OABCDEAO 在毛坯上的位置，如图 6-35 所示。其中，画图时各点参考坐标为 C(0，0)、D(0，50)、E(20，50)、B(20，0)、A(20，38)、O(19，38)。

② 装夹方法确定：本例采用悬臂支撑装夹的方式来装夹。

③ 起割点位置确定：如图 6-35 所示，O 为起割点，A 为切入点。OA 段为空走刀，OA 长 1 mm。

(2) 工件准备。

本例精度要求不高，装夹时用角尺放在工作台横梁边简单校

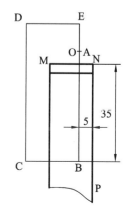

图 6-35　切割轨迹示意图

正工件即可，也可以用电极丝沿着工件边沿 AB 方向移动(如图 6-36 所示)，观察电极丝与工件的缝隙大小的变化。将电极丝反复移动，根据观察结果敲击工件，使电极丝在 A 处和 B 处时与工件的缝隙大致相等。

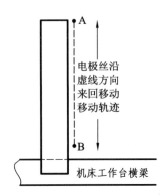

电极丝沿虚线方向来回移动移动轨迹

机床工作台横梁

图 6-36　电极丝移动校正工件

(3) 程序编制。

① 绘图：如图 6-35 所示，按 C、B、E、D 点的坐标画出矩形 CBED。

② 编程：输入起割点坐标(19，38)，输入或者选择切入点 A。为了节约加工时间，应选择顺时针加工方向，即 OABC。

③ 按照机床说明编辑程序，具体如下：

(MATERIAL:SKD-11 THICKNESS:5 mm WIRE:0.18mm FLUSH:DIC206 MODE:凸 CUTNUM:一次切割)

(	丝速	电流	脉宽	间隔比	电压	辅助	速度)
E001=	004	001	016	006	100	000	006

H001=100

; Number : 1

G92X19000Y38000

G90

E001　　/加工条件

G01X20000Y38000

H001

E001

M98 P0001

M00

G01X19000Y38000

M02

N0001

G42

G01X20000Y0

G01X0Y0

G01X0Y50000

G01X20000Y50000

G01X20000Y38000

G50

G40

M99

(4) 电极丝准备。

① 电极丝校正：按照电极丝的校正方向，用校正块校正电极丝。

② 电极丝的定位：如图 6-37 所示，用手控盒或操作面板等方法将电极丝(假设电极丝的半径为 0.09 mm)移到工件的右边，在图 6-37 中的①位置执行指令"G80X-;G92X0"；然后用手控盒将电极丝移到②位置执行指令"G80Y-;G92Y0"，这样就建立了 01 工件坐标系(如图 6-38 所示)，对照图 6-35 起割点 O 点相对于 N 点的位置，得到图 6-38 中起割点 O 点在工件坐标系 01 的坐标为(−6.09，2.91)；最后执行指令"M05G00X-6.09Y2.91;"，电极丝移到起割点 O 点。

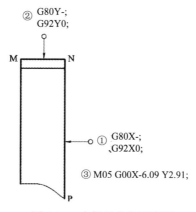

图 6-37　电极丝定位示意图

(5) 定位分析。

① 图 6-35、图 6-38 实际上有两个坐标。在图 6-35 中，坐标原点在 C 点；在图 6-38 中，坐标原点在 01 点。由图 6-35 可知：起割点 O 点与工件右上角 N 点的相对位置($\Delta x=6$，$\Delta y=3$)。因此，在工件坐标系 01 下，起割点 O 点的坐标为(−6.09，2.91)。

② 在电火花线切割中画图与电极丝定位时，通常用到两个坐标系。画图的坐标系是工件加工时用到的坐标系；电极丝定位的工件坐标系仅仅用于定位，使电极丝准确定位于起割点。读者可以仔细理解电火花线切割程序，在程序的开头部分有语句 G92X__Y__。对本实例则是 G92X19Y38。这样程序首先将工件坐标系的原点设定为画图时的坐标原点，画图时的坐标系就成为工件加工时的工件坐标系。

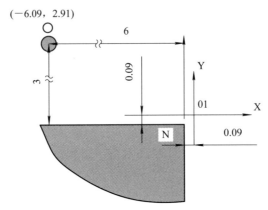

图 6-38　工件右上角放大图

➤ **加工**

加工前应注意安全。启动机床加工，加工完成后取下工件，测量相关尺寸，并与理论值相比较。加工后应注意打扫卫生并保养机床。若尺寸相差较大，试分析原因。

例 6.10　有一 35 mm×80 mm 的板料，现准备用电火花线切割加工图 6-39(a)所示的同心圆零件，加工排样图如图 6-39(b)所示。试说明加工过程。

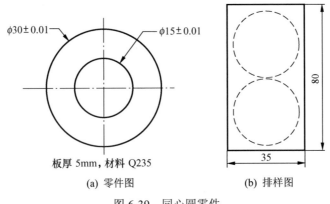

$\phi30\pm0.01$　$\phi15\pm0.01$

板厚 5mm，材料 Q235

(a) 零件图　　　(b) 排样图

图 6-39　同心圆零件

➤ **加工准备**

(1) 工艺分析。

① 加工轮廓位置确定。为了提高加工精度，在工件上钻穿丝孔。分析确定电火花线切割加工轮廓在毛坯上的位置，如图 6-40 中的虚线所示。起割点分别为 A、D，切入点分别为 B、C。为了减少空切割行程，起割点到切入点的距离为 4 mm。

② 画图及编程。根据上面设计的加工轮廓在工件上的位置及起割点的位置，画图并确定起割点和切入点。圆心坐标为(0, 0)，两个圆直径分别为 15 mm、30 mm。编程时首先切割直径为 15 mm 的孔，输入起割点 A 的坐标(0, 3.5)，切入点 B 的坐标为(0, 7.5)，切割方向可以任意选，如果顺时针加工，则为右补偿。采用半径 0.09 mm 的电极丝，通常单边放电间隙为 0.01 mm，因此补偿量为 0.1 mm。再选择加工直径为 30 mm 的外圆，输入起割点 D 的坐标(0, 19)，输入切入点 C 的坐标(0, 15)。

③ 装夹方法确定。本例题采用悬臂支撑的方式装夹。

(2) 工件准备。

① 按照图 6-40 穿丝孔的位置设计图在坯料上划线，确定穿丝孔 A、D 位置，然后用钻床或电火花穿孔机打孔。打孔后应认真清理干净孔内的毛刺，避免加工时电极丝与毛刺接触短路。

② 装夹时采用悬臂支撑方式，可用角尺放在工作台横梁的侧面简单校正工件，也可以用电极丝沿着工件边缘移动，观察电极丝与工件的缝隙大小的变化等方法来校正。装夹时应根据设计图 6-40 来进行装夹，不要将毛坯长为 35 mm 的边与机床 Y 轴平行(如果 35 mm 的边与机床 Y 轴平行，编程时起割点及切入点的坐标 X、Y 应该互换)。

(3) 程序编制。

① 绘图编程，如图 6-41 所示。

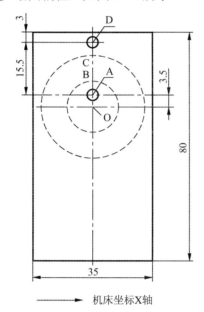

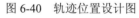

图 6-40　轨迹位置设计图

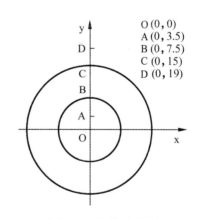

图 6-41　轨迹编程坐标

② 按照机床说明生成电火花线切割加工程序，具体如下：

```
010   H000=+00000000           H001=+00000100;
020   H005=+00000000;
T84 T86
G54 G90 G92X+0Y+3500;                    //定义起割点的坐标，建立工件坐标系
030   C007;
040   G01X+0Y+6500;G04X0.0+H005;
050   G42H000;
060   C001;
070   G42H000;
080   G01X+0Y+7500;G04X0.0+H005;
090   G42H001;
```

100　　G02X 0Y-7500I+0J-7500;G04X0.0+H005;

110　　X+0Y+7500I+0J+7500;G04X0.0+H005;

120　　G40H000G01X+0Y+6500;

130　　M00;　　　　　　　　　　　　　　/①

140　　C007;

150　　G01X+0Y+3500;G04X0.0+H005;　　//从哪里开始加工,就从哪里结束加工

160　　T85 T87;

170　　M00;　　　　　　　　　　　　　　/②

180　　M05G00Y+X0;

190　　M05G00Y+Y19000;　　　　　　　//电极丝移到下一个起割点D

200　　M00;　　　　　　　　　　　　　　/③

210　　H000=+00000000　　　　　H001=+00000100;

220　　H005=+00000000;

T84 T86

G54 G90 G92X+0Y+19000;

230　　C007;

240　　G01X+0Y+16000;G04X0.0+H005;

250　　G42H000;

260　　C001;

270　　G42H000;

280　　G01X+0Y+15000;G04X0.0+H005;

290　　G42H001;

300　　G03X+0Y-15000I+0J-15000;G04X0.0+H005;

310　　X+0Y+15000I+0J+15000;G04X0.0+H005;

320　　G40H000G01X+0Y+16000;

330　　M00;　　　　　　　　　　　　　　/④

340　　C007;

350　　G01X+0Y+19000;G04X0.0+H005;　　//从哪里开始加工,就从哪里结束加工

360　　T85 T87 M02;

(4) 电极丝准备。

① 电极丝上丝、穿丝、校正。按照电极丝的校正方法,用校正块校正电极丝。

② 电极丝的定位。松开电极丝,移动XY轴,目测将XY轴移到穿丝孔A点的位置,穿丝,再目测将电极丝移到穿丝孔中心。(思考:此时为什么不用精确定位到孔中心?)

➢ **加工**

启动机床加工。加工过程中,有四个地方会暂停(见程序M00代码)。加工中暂停的作用如下:

M00①的含义为:暂停,直径为15 mm的孔里的废料可能掉下,提示拿走。

M00②的含义为:暂停,直径为15 mm的孔已经加工完,提示松开电极丝,准备将XY轴移到另一个穿丝孔D。

M00③的含义为：暂停，准备在当前的穿丝孔位置穿丝。

M00④的含义为：暂停，同心圆零件可能掉下，提示拿走。

加工前应注意安全。加工完成后，取下工件，测量相关尺寸，并与理论值相比较。加工后注意打扫卫生保养机床。如果尺寸相差较大，试分析原因。

> **加工问题分析**

问题 1　如果按照设计图 6-41 设计，并打好穿丝孔，但在编程时将第一个起割点 A 点坐标输入为圆心(0，0)，那么会有什么后果，如何处理？

【分析问题 1】　当编程时的起割点位置与设计时的起割点位置不一致时，可能产生的后果有：

(1) 第一个轮廓直径 15 mm 孔的起割点坐标为(0，0)，第二个轮廓直径 30 mm 圆盘起割点坐标为(0，19)。根据分析，并由图 6-42 对比图可知，轮廓整体向上偏移 3.5 mm，穿丝孔 D 可能会破坏同心圆的轮廓。

(2) 当加工直径为 30 mm 的圆盘时，电极丝会移到第一个穿丝孔正上方 19 mm 处，即图 6-42(b)所示的位置，电极丝中心到 EF 边的距离为 0.5 mm，这样电极丝可能与工件接触从而造成短路而无法切割加工。

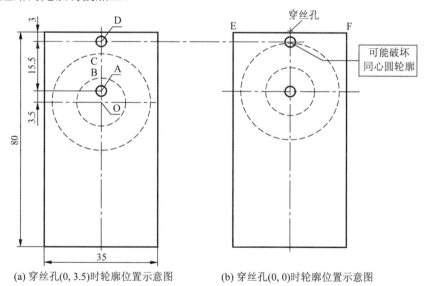

(a) 穿丝孔(0, 3.5)时轮廓位置示意图　　(b) 穿丝孔(0, 0)时轮廓位置示意图

图 6-42　穿丝孔坐标不同轮廓实际位置对比图

【解决问题 1】

(1) 根据上面的分析，以上操作可能会破坏同心圆的轮廓，因此需要在加工前仔细校对程序和设计图，及时发现问题。发现问题后重新编程，或者修改程序。

(2) 对于第二个穿丝孔与 EF 距离太小从而可能导致电极丝与工件短路的问题，可以通过修改程序解决。具体做法为：

① 将电极丝再向 Y 轴正方向移动 2 mm，保证电极丝与工件不接触，这时坐标为(0，21)。

② 修改程序。将第二个轮廓加工程序的 220 号语句中的 T84 T86 G54 G90 G92X＋0Y＋19000 改为 T84 T86 G54 G90 G92X＋0Y＋21000。

问题 2　如果加工轮廓 2 时在 300 号语句地方断丝，如何处理？

【分析解决问题 2】　第一个轮廓已经加工好，因此不需要再加工第一个轮廓。根据分析，解决问题的方法如下：

(1) 用 MDI 方式执行指令 G00 X+0Y+19000，即将电极丝移到第二个轮廓起割点位置，穿丝。

(2) 删除 200 号以前的程序，从第二个轮廓的程序开始加工。

总结：跳步加工优缺点分析。

(1) 电极丝自动移动到下一个轮廓的穿丝孔，省去切割第二个轮廓时电极丝定位过程，电极丝定位准确，轮廓与轮廓不会错位。对于能自动穿丝、自动剪丝的慢走丝线切割机床来说，可以长时间实现无人自动化加工，节约成本。

(2) 跳步加工编程时的起割点与实际起割点位置要对应，否则会造成轮廓错位。电火花线切割机床加工中若发生断丝，则需要修改程序。因此，要求读者应熟练掌握 ISO 代码，特别是在慢走丝线切割机床加工中。

例 6.11　如图 6-43 所示的零件加工图，基准位于工件右上方，现欲加工一方孔 ABCD。若 E 点为切入点，O 点为起割点。E 为 AB 中点，EO 为 5 mm。试说明加工过程。

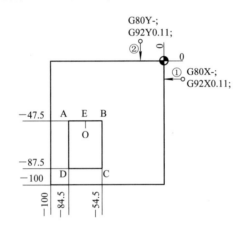

图 6-43　零件加工图

(1) 工艺分析。

在慢走丝线切割机床加工中，为了简化计算，最大限度减少人为操作失误，电火花线切割编程时，编程的原点和工件的基准点应重合。在电极丝定位时，将电极丝定位于工件基准点，然后通过程序或者 MDI 方式将电极丝移动到起割点。

① 加工轮廓位置确定：根据图 6-43，工件基准点坐标为(0，0)，加工轨迹中各点位置坐标分别为 A(-84.5，-47.5)，B(-54.5，-47.5)，C(-54.4，-87.5)，D(-84.5，-87.5)。

② 起割点位置确定：如图 6-43 所示，O 为起割点，E 为切入点，起割点为 O(-69.5，-52.5)，切入点为 E(-69.5，-47.5)。

(2) 程序编制。

① 绘图：如图 6-43 所示，以基准点为坐标原点，根据 A、B、C、D 点坐标值画出矩形 ABCD。

② 编程：输入起割点 O 坐标(-69.5，-52.5)，输入切入点坐标 E(-69.5，-47.5)。

(3) 电极丝准备。

①电极丝定位于基准点：如图 6-43 所示，用手控盒或操作面板等方法将电极丝(假设电极丝的半径为 0.10 mm，电极丝感知后回退 0.01 mm)移到工件的右边，在图 6-43 中的①位置执行指令"G80X-;G92X0.11;"；然后用手控盒将电极丝移到工件上方，在②位置执行指令"G80Y-;G92Y0.11;"。剪断或松开电极丝，执行指令"G00X0Y0;"，即将电极丝定位于基准点。

② 电极丝偏移到起割点 O：通过程序或 MDI 方式，将电极丝移动到起割点，即执行"G00X-69.5Y-52.5;"。

6.3.4 提高切割形状精度的方法

1．增加超切程序和回退程序

电极丝有一定的韧性，加工时受放电压力、工作液介质压力等的作用，会造成加工区间的电极丝向后挠曲，滞后于上、下导丝嘴一段距离[如图 6-44(b)所示]，这样在拐角处就会形成塌角[如图 6-44(d)所示]，影响加工精度。为此，可增加一段超切程序，如图 6-44(c)中的 A→A′ 段，使电极丝最大滞后点达到程序节点 A，然后辅加 A′ 点的回退程序 A′→A，接着再执行原程序，便可切割出尖角。

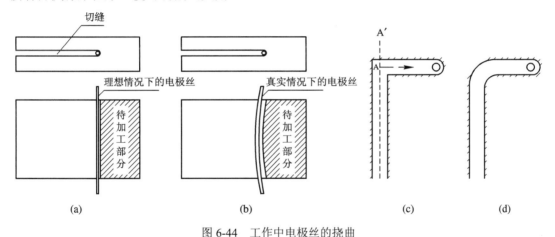

图 6-44 工作中电极丝的挠曲

除了采用附加一段超切程序外，在实际加工中还可以采用减弱加工条件、降低喷水压力或在每段程序加工后适当暂停(即加上 G04 指令)等方法来提高拐角精度。

2．减小电火花线切割加工中变形的手段

1) 采用预加工工艺

当电火花线切割加工工件时，工件材料被大量去除，工件内部参与的应力场重新分布引发变形。去除的材料越多，工件变形越大；去除的材料越少，越有利于减小工件的变形。因此，在电火花线切割加工之前，尽可能预先去除大部分的加工余量，使工件材料的内应力先释放出来，将大部分的残留变形量留在粗加工阶段，然后再进行电火花线切割加工。如图 6-45(a)所示，对于形状简单或厚度较小的凸模，从坯料外部向凸模轮廓均匀地开放射状的预加工槽，便于应力对称均匀分散地释放，各槽底部与凸模轮廓线的距离应小而均匀，通常留0.5~2 mm。如图 6-45(b)所示，对于形状复杂或较厚的凸模，采用电火花线切割粗加工进行预加工，留出工件的夹持余量，并在夹持余量部位开槽以防该部位残留变形。图 6-46 为凹模

的预加工，先去除大部分型孔材料，然后精加工成形。

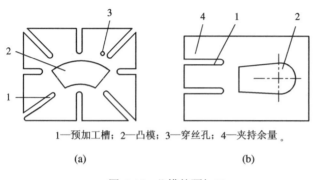
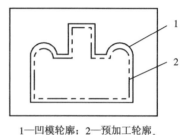

1—预加工槽；2—凸模；3—穿丝孔；4—夹持余量。

(a)　　　　　　　　　(b)

图 6-45　凸模的预加工

1—凹模轮廓；2—预加工轮廓。

图 6-46　凹模的预加工

2) 合理确定穿丝孔位置

在切割凸模类外形工件时，如果直接从材料的端面外部切入，那么就会在切入处产生缺口，残余应力从切口处向外释放，容易使工件产生变形，这种操作方法不合理。为了减小工件变形，在淬火前先在模坯上打出穿丝孔，孔径为 3～10 mm，待淬火后从工件内部对凸模进行封闭式切割[如图 6-47(a)所示]。穿丝孔的位置宜选在加工图形的拐角附近[如图 6-47(a)所示]，以简化编程运算，缩短切入时的切割行程。切割凹模时，对于小型工件，如图 6-47(b)所示的零件，穿丝孔宜选在工件待切割型孔的中心；对于大型工件，穿丝孔可选在靠近切割图样的边角处或已知坐标尺寸的交点上，以简化运算过程。

3) 多穿丝孔加工

使用电火花线切割机床加工一些特殊形状的工件时，如果只采用一个穿丝孔加工，则残留应力会沿切割方向向外释放，造成工件变形，如图 6-48(a)所示。若采用多穿丝孔加工，则可解决变形问题，如图 6-48(b)所示。在凸模上对称地开四个穿丝孔，当切割到每个孔附近时暂停加工，然后转入下一个穿丝孔开始加工，最后用手工方式将连接点分开。连接点应选择在非使用端，加工冲模的连接点应设置在非刃口端。

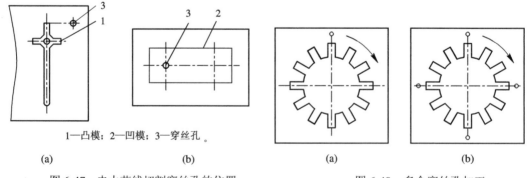

1—凸模；2—凹模；3—穿丝孔。

(a)　　　　　　　　　(b)

图 6-47　电火花线切割穿丝孔的位置

(a)　　　　　　　　　(b)

图 6-48　多个穿丝孔加工

4) 恰当安排切割图形

电火花线切割加工用的坯料在热处理时表面冷却快，内部冷却慢，导致热处理后坯料金相组织不一致，产生内应力，而且越靠近边角处，应力变化越大。所以，电火花线切割加工的图形应尽量避开坯料边角处，一般让出 8～10 mm。对于凸模，还应留出足够的夹持余量。

5) 正确选择切割路线

切割路线应有利于保证工件在切割过程中的刚度和避开应力变形的影响，具体如图 6-27 所示。

6) 采用二次切割法

对热处理后再经过磨削加工的零件进行电火花线切割加工时，最好采用二次切割法(如图 6-49 所示)。一般电火花线切割加工的工件变形量在 0.03 mm 左右，因此，第一次切割时单边留 0.12～0.2 mm 的余量。切割完成后毛坯内部应力平衡状态受到破坏后，又达到新的平衡，然后进行第二次精加工，则能加工出精密度较高的工件。

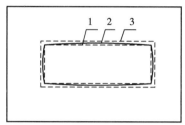

1—第一次切割轨迹；
2—变形后的轨迹；
3—第二次切割轨迹。

图 6-49　二次切割法

6.3.5　电火花线切割加工断丝原因分析

1. 快走丝线切割机床加工中断丝的主要原因

如果在刚开始加工阶段就断丝，则可能的原因有：

(1) 加工电流过大。

(2) 钼丝抖动厉害。

(3) 工件表面有毛刺或氧化皮。

如果在加工中间阶段断丝，则可能的原因有：

(1) 电参数不当，电流过大。

(2) 进给调节不当，开路、短路频繁。

(3) 工作液太脏。

(4) 导电块未与钼丝接触或表面被拉出凹痕。

(5) 切割厚工件时，脉冲过小。

(6) 储丝筒转速太慢。

如果在加工最后阶段出现断丝，则可能的原因有：

(1) 工件材料变形，夹断钼丝。

(2) 工件掉落，夹断钼丝。

在快走丝线切割加工中，要正确分析断丝原因，采取合理的解决办法。在实际中往往采用如下方法：

(1) 减少电极丝(钼丝)换向次数，尽量消除钼丝抖动现象。根据电火花线切割加工的特点, 钼丝在切割过程中需要不断换向, 在换向的瞬间会造成钼丝松紧不一致, 即钼丝各段的张力不均, 使加工过程不稳定。所以在上丝的时候, 电极丝应尽可能上满储丝筒。

(2) 钼丝导轮的制造和安装精度直接影响钼丝的工作寿命。在安装和加工中应尽量减小导轮的跳动和摆动, 以减小钼丝在加工中的振动, 提高加工过程的稳定性。

(3) 选用合适的切割速度。在加工过程中, 如果切割速度(工件的进给速度)过大, 被腐蚀的金属微粒不能及时排出, 则会使钼丝经常处于短路状态, 造成加工过程的不稳定。

(4) 保持电源电压的稳定和工作液的清洁。电源电压不稳定会使钼丝与工件两端的电压不稳定, 从而造成击穿放电过程的不稳定。如果不定期更换工作液则会使其中的金属微粒成分比例变大, 逐渐改变工作液的性质而失去作用, 引起断丝。如果工作液在循环流动中没有泡沫或泡沫很少、颜色发黑、有臭味, 则应及时更换工作液。

2. 慢走丝线切割机床加工中断丝的主要原因

在慢走丝线切割机床加工中, 出现断丝的主要原因有:

(1) 电参数选择不当。

(2) 导电块表面过脏。

(3) 电极丝速度过低。

(4) 张力过大。

(5) 工件表面有氧化皮。

在慢走丝线切割加工中, 为了防止断丝, 主要采取以下方法:

(1) 及时检查导电块的磨损情况及清洁程度。慢走丝线切割机床的导电块一般加工60～120 h 后就必须清洗一次。如果加工过程中在导电块位置出现断丝, 就必须检查导电块, 把导电块卸下来, 用清洗液清洗掉上面黏着的脏物, 磨损严重的要更换位置或更换新的导电块。

(2) 有效的冲水(油)条件。放电过程中产生的加工屑也是造成断丝的因素之一。加工屑若黏附在电极丝上, 会在黏附的位置产生脉冲能量集中释放, 导致电极丝产生裂纹, 发生断裂, 因此加工过程中必须冲走这些微粒。所以, 在慢走丝线切割加工中, 粗加工的喷水(油)压力要大, 在精加工阶段的喷水(油)压力要小。

(3) 良好的工作液处理系统。慢走丝切割机床放电加工时, 工作液的电阻率必须在适当的范围内。绝缘性能太低, 将产生电解而不能形成击穿火花放电; 绝缘性能太高, 则放电间隙小, 排屑困难, 容易引起断丝。因此, 加工时应注意观察电阻率表的显示, 当发现电阻率不能再恢复正常时, 应及时更换去离子交换树脂。同时还应检查与工作液有关的条件, 如检查工作液的液位, 检查过滤器压力表, 及时更换过滤器, 以保证工作液的绝缘性能、洗涤性能和冷却性能, 预防断丝。

(4) 适当地调整放电参数。慢走丝线切割机床的加工参数一般都根据标准选取, 但当加工超高件、上下异形件及大锥度工件时常常出现断丝, 这时就要调整放电参数。较高能量的放电将引起较频繁的断丝, 因此就要适当地加大放电脉冲的间隙时间, 减小放电时间, 降低脉冲能量, 断丝也就会减少。

(5) 选择质量较好的电极丝。电极丝一般都采用锌或含锌量高的黄铜合金作为涂层, 在条件允许的情况, 尽可能使用优质的电极丝。

(6) 及时取出废料。废料落下后, 若不及时取出, 可能与电极丝直接导通, 产生能量集中释放，引起断丝。因此，在废料落下时，要在第一时间取出废料。

习　题

一、判断题

(　　) 1. 用火花法校正电极丝垂直度时，电极丝不需要运动。

(　　) 2. 校正电极丝垂直度时，应保证工件表面干净。

(　　) 3. 在电极丝定位时，用到的接触感知代码是 G81。

(　　) 4. 在精密电火花线切割加工时，为了提高效率，电极丝相对于工件只需要一次精确定位。

(　　) 5. 在用校正器校正电极丝的垂直度时，电极丝应该运行并放电。

(　　) 6. 在切割一个直径为 100 mm 的圆孔时，最好将穿丝孔的位置定位在圆心。

(　　) 7. 多次电火花线切割加工中，电极丝的补偿量始终不变。

(　　) 8. 工件表面的铁锈或氧化皮对电火花线切割加工没有影响。

(　　) 9. 如果导电块表面过脏，那么在电火花线切割加工时电极丝容易断丝。

(　　) 10. 慢走丝线切割加工电极丝是一次性使用的。

二、单项选择题

1. 如果电火花线切割加工的单边放电间隙为 0.01 mm，钼丝直径为 0.18 mm，则加工圆孔时的补偿量为(　　)。

A. 0.19 mm　　　B. 0.1 mm　　　C. 0.09 mm　　　D. 0.18 mm

2. 用电火花线切割机床加工一个直径为 10 mm 的圆凸台，采用的补偿量为 0.12 mm，实际测量凸台的直径为 10.02 mm。如果要将凸台的尺寸加工到 10 mm，则采用的补偿量为(　　)。

A. 0.10 mm　　　B. 0.11 mm　　　C. 0.12 mm　　　D. 0.13 mm

3. 用电火花线切割机床加工一个直径为 10 mm 的圆孔，采用的补偿量为 0.12 mm，实际测量孔的直径为 10.02 mm。如果要将圆孔的尺寸加工到 10 mm，则采用的补偿量为(　　)。

A. 0.10 mm　　　B. 0.11 mm　　　C. 0.12 mm　　　D. 0.13 mm

4. 用电火花线切割机床加工一个直径为 10 mm 的圆凸台，采用的补偿量为 0.12 mm，实际测量凸台的直径为 9.98 mm。如果要将凸台的尺寸加工到 10 mm，则采用的补偿量为(　　)。

A. 0.10 mm　　　B. 0.11 mm　　　C. 0.12 mm　　　D. 0.13 mm

5. 用电火花线切割机床加工一个直径为 10 mm 的圆孔，采用的补偿量为 0.12 mm，实际测量圆孔的直径为 9.98 mm。如果要将圆孔的尺寸加工到 10 mm，则采用的补偿量为(　　)。

A. 0.10 mm　　　B. 0.11 mm　　　C. 0.12 mm　　　D. 0.13 mm

三、综合题

1. 使用电火花线切割机床加工图 6-50 所示的零件，试分别用 3B 代码和 ISO 代码编程。已知电火花线切割加工用的电极丝直径为 0.18 mm，单边放电间隙为 0.01 mm，O 点为穿丝孔，加工方向为 O—A—B—…。

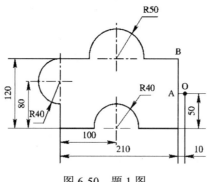

图 6-50　题 1 图

2．如图 6-51 所示的某零件图(单位为 mm)，AB、AD 为设计基准，圆孔 E 已经加工好，现用电火花线切割机床加工圆孔 F。假设穿丝孔已经加工好，试说明将电极丝定位于欲加工圆孔中心 F 的方法。

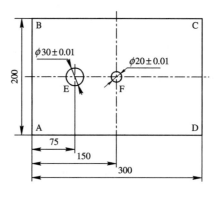

图 6-51　题 2 图

3．下面为一电火花线切割加工程序(材料为 10 mm 厚的钢)，认真阅读后回答问题：

```
H000=+00000000          H001=+00000110;
H005=+00000000;
T84 T86
G54 G90 G92X+27000Y+0;
C007;
G01X+29000Y+0;G04X0.0+H005;
G41H000;
C001;
G41H000;
G01X+30000Y+0;G04X0.0+H005;
G41H001;
X+30000Y+30000;G04X0.0+H005;
X+0Y+30000;G04X0.0+H005;
G03X+0Y-30000I+0J-30000;G04X0.0+H005;
G01X+30000Y-30000;G04X0.0+H005;
```

X+30000Y+0;G04X0.0+H005;

G40H000G01X+29000Y+0;

M00;

C007;

G01X+27000Y+0;G04X0.0+H005;

T85 T87 M02;

(:: The Cutting length=　217.247778 MM);

(1) 画出加工的零件图，并标明相应尺寸。

(2) 在零件图上画出穿丝孔的位置，并注明加工中的补偿量。

(3) 上面程序中 M00 的含义是什么？

(4) 若该机床的加工速度为 50 mm^2/min，试估算加工该零件所用的时间。

4. 如图 6-52 所示的车刀毛坯，现用电火花线切割加工成图 6-53 所示的切断车刀，图 6-54 所示为切割加工过程中的轨迹路线图，其中 O 点为起割点，A 点为切入点。

(1) 设定 OA 线段的长度及 O 点到 MN 线段的距离，并详细说明电极丝定位于 O 点的具体过程(注：OA 位于 MN 中心)。

OA=＿＿＿＿＿；O 点到 MN 的距离 =＿＿＿＿。

(2) OA 线段的长度通常为多少？能否取 10 mm，为什么？

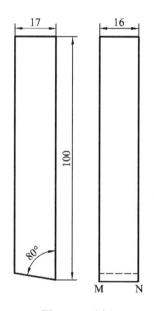

图 6-52　毛坯

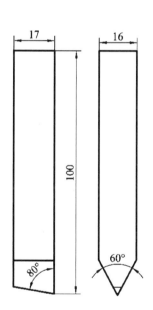

图 6-53　零件图

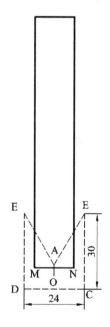

图 6-54　加工轨迹路线图

第 7 章　其他特种加工技术

7.1　电化学加工技术

电化学加工(Electrochemical Machining，ECM)包括从工件上去除金属的电解加工和向工件上沉积金属的电镀、涂覆加工两大类。

7.1.1　电化学加工的原理与特点

1. 电化学加工的原理

图 7-1 所示为电化学加工的原理。两片金属铜(Cu)板浸在导电溶液，如氯化铜($CuCl_2$)的水溶液中，此时水(H_2O)离解为氢氧根负离子 OH^- 和氢正离子 H^+，$CuCl_2$ 离解为两个氯负离子 $2Cl^-$ 和二价铜正离子 Cu^{2+}。当两个铜片接上直流电形成导电通路时，导线和溶液中均有电流流过，在金属片(电极)和溶液的界面上就会有交换电子的反应，即电化学反应。溶液中的离子将做定向移动，Cu^{2+} 正离子移向阴极，在阴极上得到电子而进行还原反应，沉积出铜。在阳极表面 Cu 原子失掉电子而成为 Cu^{2+} 正离子进入溶液。溶液中正、负离子的定向移动称为电荷迁移。在阳、阴电极表面发生得失电子的化学反应称为电化学反应。这种利用电化学反应原理对金属进行加工(图 7-1 中阳极上为电解蚀除，阴极上为电镀沉积，常用以提炼纯铜)的方法即电化学加工。

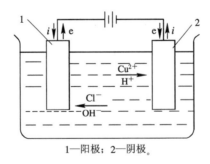

1—阳极；2—阴极。

图 7-1　电解(电镀)液中的电化学反应

2. 电化学加工的分类

电化学加工有三种不同的类型。第 Ⅰ 类是利用电化学反应过程中的阳极溶解来进行加工，主要有电解加工和电化学抛光等；第 Ⅱ 类是利用电化学反应过程中的阴极沉积来进行加工，主要有电镀、电铸等；第 Ⅲ 类是利用电化学加工与其他加工方法相结合的电化学复合加工工艺进行加工，目前主要有电解磨削、电化学阳极机械加工(其中还含有电火花放电作用)。电化学加工的类别如表 7-1 所示。本节主要介绍电解加工、电铸成型、电解磨削，其他的电化学加工可参考相关资料。

表 7-1 电化学加工分类

类别	加工方法及原理	应 用
I	电解加工(阳极溶解)	用于形状尺寸加工
	电化学抛光(阳极溶解)	用于表面加工
II	电镀(阴极沉积)	用于表面加工
	电铸(阴极沉积)	用于形状尺寸加工
III	电极磨削(阳极溶解、机械磨削)	用于形状尺寸加工
	电解放电加工(阳极溶解、电火花蚀除)	用于形状尺寸加工

3. 电化学加工的适用范围

电化学加工的适用范围，因电解和电镀两大类工艺的不同而不同。

电解加工可以加工复杂成型模具和零件，如汽车、拖拉机连杆等各种型腔锻模，航空、航天发动机的扭曲叶片，汽轮机定子、转子的扭曲叶片，炮筒内管的螺旋"膛线"(来复线)、齿轮、液压件内孔的电解去毛刺及扩孔、抛光等。

电镀、电铸可以复制复杂、精细的表面。

7.1.2 电解加工

1. 电解加工的原理及特点

1) 基本原理

电解加工是利用金属在电解液中的"电化学阳极溶解"来将工件成型的。如图 7-2 所示，在工件(阳极)与工具(阴极)之间接上直流电源，使工具阴极与工件阳极间保持较小的加工间隙(0.1～0.8 mm)，间隙中通过高速流动的电解液。这时，工件阳极开始溶解。开始时，两极之间的间隙大小不等，间隙小处电流密度大，阳极金属去除速度快；间隙大处电流密度小，去除速度慢。随着工件表面金属材料的不断溶解，工具阴极不断地向工件进给，溶解的电解产物不断地被电解液冲走，工件表面也就逐渐被加工成接近于工具电极的形状，如此下去直至将工具的形状复制到工件上。

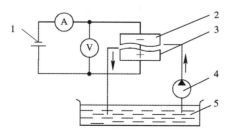

1—直流电源；2—工具电极；3—工件阳极；
4—电解液泵；5—电解液。

图 7-2 电解加工原理图

2) 特点

电解加工与其他加工方法相比较，它具有下列特点：

(1) 能加工各种硬度和强度的材料。只要是金属，不管其硬度和强度多大，电解加工都可加工。

(2) 生产率高，约为电火花加工的 5～10 倍，在某些情况下，比切削加工的生产率还高，且加工生产率不直接受加工精度和表面粗糙度的限制。

(3) 表面质量好，电解加工不产生残余应力和变质层，又没有飞边、刀痕和毛刺。在正常情况下，表面粗糙度 Ra 可达 0.2～1.25 μm。

(4) 阴极工具在理论上不损耗，基本上可长期使用。

电解加工当前存在的主要问题是加工精度难以严格控制，尺寸精度一般只能达到 0.15～0.30 mm。此外，电解液对设备有腐蚀作用，电解液的处理也较困难。

2. 电解加工设备

电解加工的基本设备包括直流电源、机床及电解液系统三大部分。

1) 直流电源

电解加工常用的直流电源为硅整流电源和晶闸管整流电源，其主要特点及应用见表 7-2。

表 7-2　直流电源的特点及应用

分　类	特　点	应用场合
硅整流电源	1. 可靠性、稳定性好； 2. 调节灵敏度较低； 3. 稳压精度不高	国内生产现场占一定比例
晶闸管电源	1. 灵敏度高，稳压精度高； 2. 效率高，节省金属材料； 3. 稳定性、可靠性较差	国外生产中普遍采用，也占相当比例

2) 机床

电解加工机床的任务是安装夹具、工件和阴极工具，并实现其相对运动，传送电和电解液。电解加工过程中虽没有机械切削力，但电解液对机床主轴和工作台的作用力是很大的，因此要求机床要有足够的刚性；要保证进给系统的稳定性，如果进给速度不稳定，阴极相对工件的各个截面的电解时间就不同，影响加工精度；电解加工机床经常与具有腐蚀性的工作液接触，因此机床要有好的防腐措施和安全措施。

3) 电解液系统

在电解加工过程中，电解液不仅作为导电介质传递电流，而且在电场的作用下进行化学反应，使阳极溶解能顺利而有效地进行，这一点与电火花加工的工作液的作用是不同的。同时电解液也担负着及时把加工间隙内产生的电解产物和热量带走的任务，起到更新和冷却的作用。

电解液可分为中性盐溶液、酸性盐溶液和碱性盐溶液三大类。其中中性盐溶液的腐蚀性较小，使用时较为安全，故应用最广。常用的电解液有 NaCl、$NaNO_3$、$NaClO_3$ 三种。

NaCl 电解液价廉易得，对大多数金属而言，其电流效率均很高，加工过程中损耗小并可在低浓度下使用，应用很广。其缺点是电解能力强，散腐蚀能力强，使得离阴极工具较远的工件表面也被电解，成型精度难以控制，复制精度差；对机床设备腐蚀性大，故适用于加工速度快而精度要求不高的工件加工。

$NaNO_3$ 电解液在浓度低于 30% 时，对设备、机床腐蚀性很小，使用安全，但生产效率低，需较大电源功率，故适用于成型精度要求较高的工件加工。

$NaClO_3$ 电解液的散蚀能力小，故加工精度高，对机床、设备等的腐蚀很小，广泛地应用于高精度零件的成型加工。然而，$NaClO_3$ 是一种强氧化剂，虽不自燃，但遇热分解的氧气能助燃，因此使用时要注意防火安全。

3. 电解加工应用

目前，电解加工主要应用在深孔加工、叶片(型面)加工、锻模(型腔)加工、管件内孔抛光、各种型孔的倒圆和去毛刺、整体叶轮的加工等方面。

图 7-3 是用电解加工整体叶轮，叶轮上的叶片是采用套料法逐个加工的。加工完一个叶片，退出阴极，经分度后再加工下一个叶片。

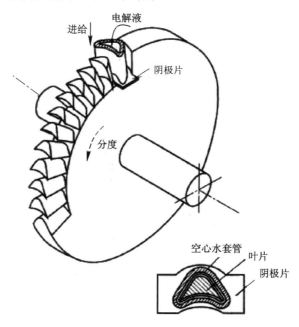

图 7-3　电解加工整体叶轮

7.1.3　电铸成型

1. 电铸成型的原理及特点

1) 成型原理

与大家熟知的电镀原理相似，电铸成型是利用电化学过程中的阴极沉积现象来进行成型加工的，即在原模上通过电化学方法沉积金属，然后分离以制造或复制金属制品。但电铸与电镀又有不同之处，电镀时要求得到与基体结合牢固的金属镀层，以达到防护、装饰等目的。而电铸则要电铸层与原模分离，其厚度也远大于电镀层。

电铸原理如图 7-4 所示，在直流电源的作用下，金属盐溶液中的金属离子在阴极获得电子而沉积在阴极母模的表面。阳极的金属原子失去电子而成为正离子，源源不断地补充到电铸液中，使溶液中的金属离子浓度保持基本不变。当母模上的电铸层达到所需的厚度时取出，将电铸层与型芯分离，即可获得成型零件。

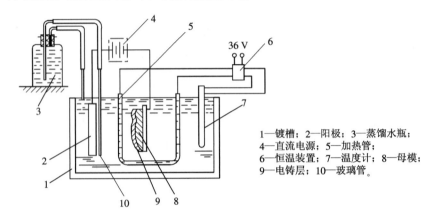

1—镀槽；2—阳极；3—蒸馏水瓶；
4—直流电源；5—加热管；
6—恒温装置；7—温度计；8—母模；
9—电铸层；10—玻璃管。

图 7-4   电铸成型的原理

2) 特点

(1) 复制精度高，可以做出机械加工不能加工出的细微形状(如微细花纹、复杂形状等)，表面粗糙度 Ra 可达 0.1 μm，一般不需抛光即可使用。

(2) 母模材料不限于金属，有时还可用制品零件直接作为母模。

(3) 表面硬度可达 35～50HRC，所以电铸型腔使用寿命长。

(4) 电铸可获得高纯度的金属制品，如电铸铜，它纯度高，具有良好的导电性能。

(5) 电铸时，金属沉积速度缓慢，制造周期长。如电铸镍，一般需要一周时间。

(6) 电铸层厚度不易均匀，且厚度较薄，仅为 4～8 mm。电铸层一般都具有较大的应力，所以大型电铸件变形显著，且不易承受大的冲击载荷。这样就使电铸成型的应用受到一定的限制。

2．电铸设备

电铸设备主要包括电铸槽、直流电源、搅拌和循环过滤系统、恒温控制系统等。

1) 电铸槽

电铸槽材料的选取以不与电解液作用引起腐蚀为原则，一般用钢板焊接，内衬铅板或聚氯乙烯薄板等。

2) 直流电源

电铸采用低电压大电流的直流电源，常用硅整流电源，电压为 6～12 V，并可调。

3) 搅拌和循环过滤系统

为了降低电铸液的浓差极化，加大电流密度，减少加工时间，提高生产速度，最好在阴极运动的同时加速溶液的搅拌。搅拌的方法有循环过滤法、超声波或机械搅拌等。循环过滤法不仅可以使溶液搅拌，而且在溶液不断反复流动时进行过滤。

4) 恒温控制系统

电铸时间很长，所以必须设置恒温控制设备。它包括加热设备(加热玻璃管、电炉等)和冷却设备(冷水或冷冻机等)。

3. 电铸的应用

电铸具有极高的复制精度和良好的机械性能，已在航空、仪器仪表、精密机械、模具制造等方面发挥日益重要的作用。

图 7-5 为刻度盘模具型腔电铸过程，其中图(a)为电铸过程中的阴极母模简图，图(b)为母模进行引导线及包扎绝缘处理图，图(c)为电铸，图(d)为电铸产品后处理图。

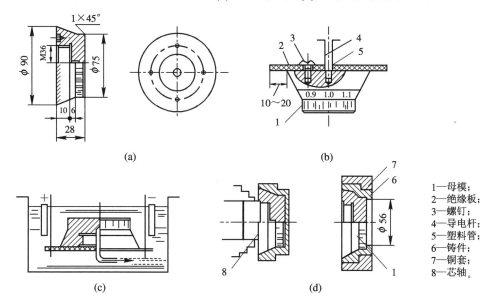

1—母模；
2—绝缘板；
3—螺钉；
4—导电杆；
5—塑料管；
6—铸件；
7—铜套；
8—芯轴。

图 7-5　刻度盘模具型腔电铸过程

7.1.4　电解磨削

1. 加工原理及特点

1) 加工原理

电解磨削是电解加工的一种特殊形式，是电解与机械的复合加工方法。它是靠金属的溶解(占 95%～98%)和机械磨削(占 2%～5%)的综合作用来实现加工的。

电解磨削加工原理如图 7-6 所示。加工过程中，磨轮(砂轮)不断旋转，磨轮上凸出的砂粒与工件接触，形成磨轮与工件间的电解间隙。电解液不断供给，磨轮在旋转中，将工件表面由电化学反应生成的钝化膜除去，继续进行电化学反应，如此反复不断，直到加工完毕。

电解磨削的阳极溶解机理与普通电解加工的阳极溶解机理是相同的。不同之处在于：电解磨削中，阳极钝化膜的去除是靠磨轮的机械加工去除的，电解液腐蚀力较弱；而一般电解加工中的阳极钝化膜的去除，是靠高电流密度去破坏(不断溶解)或靠活性离子(如氯离子)进行活化，再由高速流动的电解液冲刷带走的。

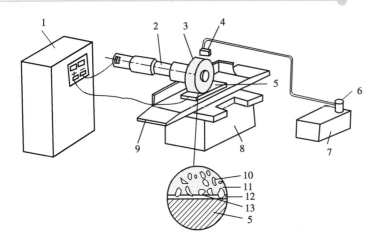

1—直流电源；2—绝缘主轴；
3—磨轮；4—电解液喷嘴；
5—工件；6—电解液泵；
7—电解液箱；8—机床本体；
9—工作台；10—磨料；
11—结合剂；12—电解间隙；
13—电解液。

图 7-6　电解磨削加工原理图

2) 特点

(1) 磨削力小，生产率高。这是由于电解磨削具有电解加工和机械磨削加工的优点。

(2) 加工精度高，表面加工质量好。因为电解磨削加工中，一方面工件尺寸或形状是靠磨轮刮除钝化膜得到的，故能获得比电解加工好的加工精度；另一方面，材料的去除主要靠电解加工，加工中产生的磨削力较小，不会产生磨削毛刺、裂纹等现象，故加工工件的表面质量好。

(3) 设备投资较高。其原因是电解磨削机床需加电解液过滤装置、抽风装置、防腐处理设备等。

2. 电解磨削的应用

电解磨削广泛应用于平面磨削、成形磨削和内外圆磨削。图 7-7(a)、(b)分别为立轴矩台平面磨削、卧轴矩台平面磨削的示意图。图 7-8 为电解成形磨削示意图，其磨削原理是将导电磨轮的外圆圆周按需要的形状进行预先成形，然后进行电解磨削。

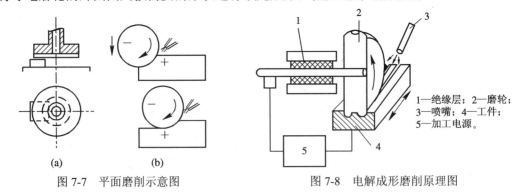

1—绝缘层；2—磨轮；
3—喷嘴；4—工件；
5—加工电源。

图 7-7　平面磨削示意图　　　　图 7-8　电解成形磨削原理图

7.2　激光加工技术

激光加工技术(Laser Processing Technology)是利用激光与物质相互作用

的特性，对材料进行打标、切割、焊接、表面处理、打孔及微加工等的一门加工技术。激光加工作为先进制造技术已广泛应用于机械制造、汽车、电子电器、航空航天、冶金等国民经济重要部门，对产品质量、自动化、生产效率、无污染、减少材料消耗等起着愈来愈重要的作用。由于激光具有方向性好、高能量和单色性好等一系列优点，自 20 世纪 60 年代初问世以来，就受到科研领域的高度重视。激光技术推动了诸多领域的迅猛发展，应用范围越来越广，在加工领域中的应用成果尤为显著。

7.2.1　激光加工的原理及设备

1. 激光加工的原理

激光是一种强度高、方向性好、单色性好的相干光。由于激光的发散角小和单色性好，理论上可以聚焦到尺寸与光的波长相近的(微米甚至亚微米)小斑点上，加上它本身强度高，故可以使其焦点处的功率密度达到 $10^7 \sim 10^{11}\,\text{W/cm}^2$，温度可达 $10\,000\,℃$ 以上。在这样的高温下，任何材料都将瞬时急剧熔化和气化，并爆炸性地高速喷射出来，同时产生方向性很强的冲击。因此，激光加工(如图 7-9 所示)是工件在光热效应下产生高温熔融和受冲击波抛出的综合过程。

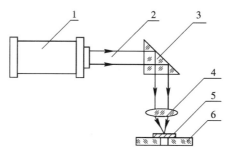

1—激光器；2—激光束；3—全反射棱镜；4—聚焦物镜；5—工件；6—工作台。

图 7-9　激光加工示意图

2. 激光加工的特点

激光加工的特点很多，主要有以下几个方面：

(1) 可以对大部分的金属和非金属材料进行激光加工。

(2) 激光能聚焦成极小的光斑，可进行微细和精密加工，如微细窄缝和微型孔的加工。

(3) 可用反射镜将激光束送往远离激光器的隔离室或其他地点进行加工，易于实现自动化。

(4) 加工时不需用刀具，属于非接触加工，无机械加工变形。

(5) 无需特殊环境，便于自动控制连续加工，加工效率高，加工变形和热变形小。

3. 激光加工的基本设备及其组成部分

激光加工的基本设备由激光器、导光聚焦系统、控制系统、激光加工头、工作台、辅助系统等部件组成。

1) 激光器

激光器是激光加工的重要设备，它的任务是把电能转变成光能，产生所需的激光束。

按工作物质的种类可分为固体激光器、气体激光器、半导体激光器及光纤激光器等。由于光纤、气体激光器所产生的激光不仅容易控制，而且方向性、单色性及相干性都比较好，因而在机械制造的精密测量中被广泛采用。由于在激光加工中要求输出功率与能量大，因而目前多采用 CO_2(二氧化碳)气体激光器及光纤激光器。

2) 导光聚焦系统

根据被加工工件的性能要求，光束经放大、整形、聚焦后作用于加工部位，这种从激光器输出窗口到被加工工件之间的装置称为导光聚焦系统。

3) 控制系统

激光加工控制系统是机械手、激光器的控制和指挥中心，同时也是工作站运行的载体。通过对工位、机械手和激光器的协调控制可完成对工件的激光处理。随着电子技术的发展，许多设备已采用数字计算机来控制工作台的移动，实现激光加工的连续工作。

7.2.2 激光打标技术及设备

1. 激光打标的概念

激光打标是利用高能量密度的激光对工件进行局部照射，使表层材料气化或发生颜色变化的化学反应，在材料表面打出各种文字、符号和图案等，从而留下永久性标记的一种打标方法。

2. 激光打标的特点

激光打标的特点是非接触加工，可在任意表面标刻，工件不会变形和产生内应力，适于金属、塑料、玻璃、陶瓷、木材、皮革等各种材料；标记清晰、永久、美观，并能有效防伪；具有标刻速度快、运行成本低、无污染等特点。激光打标可显著提高被标刻产品的档次。

3. 激光打标应用范围

激光打标机适用于各种金属、金属氧化物、玻璃、塑料等，广泛应用于机械器件、汽配医疗器械、通信器材、轴承、芯片、手机按键、钟表、不锈钢餐具、钻头、电器面板、电表盘、电池、电子、通信、电器、仪表、工具、精密仪器、饰品、钟表眼镜、五金水暖、建材等。激光打标样品如图7-10所示。

图7-10 激光打标样品

4. 激光打标技术

激光打标可以打出各种文字、符号和图案等，字符大小可以从毫米到微米量级，这对产品的防伪有特殊的意义。振镜式激光打标技术是较早出现的一种激光打标方式。近年来随着振镜质量的提高和技术的改进，使得这种方式更加成熟。如德国的施肯拉(Scanlab)公司，美国的 Cambridge Technology Inc、Nutfield Technology，中国的上海通用扫描公司、汉华科技公司和世纪桑尼等许多公司都专门研制生产激光打标用振镜头和相关部件。振镜式激光打标机外形图如图 7-11 所示。

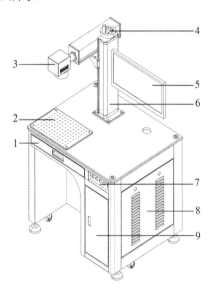

1—键盘鼠标抽屉；2—工作台；3—振镜；4—升降操作杆；5—显示器；6—升降立柱；

7—操作按钮；8—散热装置；9—共控柜子。

图 7-11　振镜式激光打标机

5. 激光打标机的种类

目前市场上的激光打标机种类很多，可按不同方式进行分类。

(1) 按激光器分：灯泵浦激光打标机、半导体激光泵浦打标机、CO_2 激光打标机、光纤激光打标机和准分子激光打标机。

(2) 按工作方式分：连续型激光打标机和脉冲型激光打标机。

(3) 按激光器波长分：红外、可见光、紫外光激光打标机。

(4) 按扫描方式分：光路静止型和光路运动型激光打标机，典型的有振镜式、工作台运动式、X/Y 轴激光运动式激光打标机。

6. 激光打标机的性能比较和结构组成

1) 激光打标机的性能比较

通用的激光打标机有灯泵 YAG 打标机、光纤激光打标机、半导体打标机、二氧化碳打标机。除了部分的光学配件不同，其组织原理基本相同。常用激光打标机的性能比较如表 7-3 所示。

表 7-3　常用激光打标机性能比较

项　目	机　型			
	灯泵 YAG	半导体	光　纤	CO_2
用途	金属及塑胶等大多数材质	金属及塑胶等大多数材质	金属及塑胶等大多数材质	木头、亚克力、皮革、玻璃、PVC、石头等非金属
	厨具、刀具等要求不太高的产品	MP3、MP4 外壳、IC、手机等较高端产品	键盘、精密 IC 等精细度及速度要求较高的产品	
耗材及寿命	氙灯：50 h；滤芯、水：每个月更换一次	滤芯、水：每个月更换一次	无	无
激光器寿命	只需更换耗材	半导体模块：13 000 h	光纤模块：100 000 h	射频激光器：25 000 h
标刻精细度	精细	精细	非常精细	精细
稳定性能	差	较稳定	稳定	稳定
故障率	较低	较低	极低	极低
可维护性	较复杂	较复杂	免维护	免维护
可操作性	容易	容易	极容易	极容易

2) 激光打标机总体结构

激光打标设备由激光器、激光电源、光路系统、打标控制软件、振镜、场镜、扫描系统、聚焦系统、工控电脑、工作台、冷却系统等组成。激光电源是为激光器提供动力的装置，其输入电压为 AC220 V 的交流电，安装于打标机控制盒内。激光器是核心配件，安装于激光打标机机壳内。目前打标机使用的激光器主要有光纤激光器、CO_2 激光器、固体激光器、半导体激光器等。打标软件是用来控制打标参数，控制调试的应用界面，操作打标全部动作。振镜扫描系统是由光学扫描器和伺服控制两部分组成的。振镜头由定子、转子和检测传感器三部分组成。光学扫描器采用动磁式偏转工作方式的伺服电机。光学扫描器分为 X 方向扫描系统和 Y 方向扫描系统，每个伺服电机轴上固定着激光反射镜片。每个伺服电机分别由计算机发出数字信号控制其扫描轨迹。聚焦系统的作用是将平行的激光束聚焦于一点，主要采用 f-θ 透镜，不同的 f-θ 透镜的焦距不同，打标效果和范围也不一样，用户可根据需要选配不同型号的透镜。工控计算机是整个机器控制和指挥的中心，同时也是软件安装的载体。固体激光标刻机结构示意图如图 7-12 所示。

7. 激光打标软件介绍

常用的激光打标软件有 EzCad、CorelDRAW 和 AutoCAD，此处以 EzCad 2 为例介绍。

EzCad 2 软件具有以下主要功能：图像处理、文字识别、数字处理、打标工艺参数设置等；支持 TrueType 字体、单线字体(JSF)、点阵字体(DMF)、一维条形码和 DataMatrixdeng 等二维条形码；变量文本处理灵活，加工过程中可实时改变文字；节点编辑功能和图形编辑功能强大，可以为不同对象设置不同的加工参数；兼容常用图像格式(bmp、jpg、gif、tga、png、tif 等)；兼容常用的矢量图形(ai、dxf、dst、plt 等)；常用的图像处理功能丰富；填充功能强大，支持环形填充；多种控制对象，用户可以自由控制系统与外部设备交互；多语言支持。

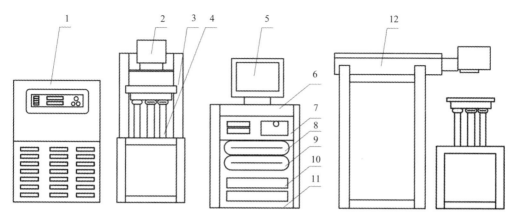

1—冷却系统；2—扫描聚焦系统；3—光基座支架；4—工作台；5—显示器；6—键盘系统；

7—计算机系统；8—控制系统；9—激光电源；10—声光电源；11—机柜；12—光基座。

图 7-12　固体激光打标机结构示意图

7.2.3　激光雕刻技术及设备

1．激光雕刻原理

激光雕刻(Laser Engraving)是一种对材料进行烧蚀、去除的激光加工技术。激光雕刻是使加工材料在激光照射下瞬间熔化和气化，通过数控技术控制工件与激光的相对运动，激光在材料表面刻写所需要的文字、图案。激光雕刻技术刻出来的文字、图案没有刻痕，不会磨损，物体表面依然光滑。

2．激光雕刻的特点

激光雕刻具有如下特点：

(1) 范围广泛。二氧化碳激光几乎可对任何非金属材料进行雕刻切割。

(2) 安全可靠。采用非接触式加工，不会对材料造成机械挤压或机械应力；没有“刀痕”，不伤害加工件的表面；不会使材料变形。

(3) 精确细致。加工精度可达到 0.02 mm。

(4) 节约环保。光束和光斑直径小，一般小于 0.5 mm；切割加工节省材料，安全卫生。

(5) 效果一致。保证同一批次的加工效果完全一致。

(6) 高速快捷。可立即根据计算机输出的图样进行高速雕刻和切割。

(7) 成本低廉。不受加工数量的限制，对于小批量加工服务，激光加工更加便宜。

3．激光雕刻设备系统

1) 激光雕刻激光器

用于激光雕刻的激光器主要有 CO_2 激光器、Nd:YAG 激光器和准分子激光器三种。

CO_2 激光器输出波长为 10 600 nm 的激光，脉冲输出方式输出能量为几焦耳，连续输出方式输出功率为几十到几千瓦。

Nd:YAG 激光器输出波长为 1064 nm 的激光，脉冲输出方式输出能量为几至几十焦耳，连续输出方式的输出功率为几十到几千瓦。

2) 导光聚焦系统

用于激光雕刻的导光聚焦系统一般分为固定式和移动式两种。固定式导光聚焦系统结构简单，但是需要配备体积庞大的机床。移动式导光聚焦系统常用的有两种，一种是利用镜片反射原理制作出激光导光臂，另一种是把激光耦合进入光纤，利用光纤对激光进行传输的导光系统。

(1) 普通的导光臂主要是由光传输系统和光聚焦系统组成，其光路如图 7-13 所示。

虽然增多反射镜会增大使用范围和使用灵活性，但理论上有两块反射镜就可以实现立体操作。光束通过导向元件可以灵活地移动，移动反射镜或在光束射入反射镜前改变光束方向。

(2) 利用光纤传输激光实现激光雕刻不受雕刻形式和雕刻幅面的影响，光束导向如图 7-14 所示，减小了其他传导激光方式的振动及环境的影响。利用光纤传输激光的光路如图 7-15 所示，激光经全反镜和扩束镜后，通过光纤耦合器射入光纤，再由光纤传输输出，最后由聚焦镜聚焦在工件表面。

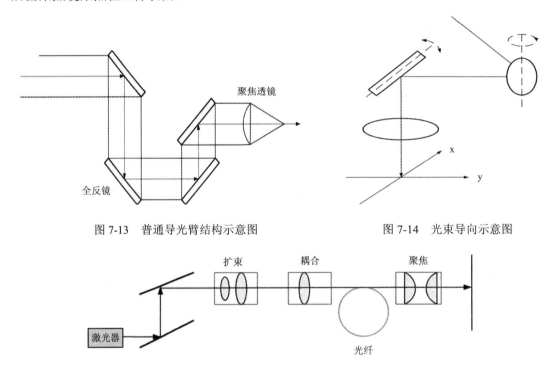

图 7-13　普通导光臂结构示意图　　　　图 7-14　光束导向示意图

图 7-15　光纤传输系统示意图

实际应用于激光雕刻机的 YAG 激光输出功率一般在 $60 \sim 300$ kW 之间变化，发散角小于 6 mrad，因此激光的束腰位置和大小也在相应改变。如果光纤耦合透镜的焦距太短，景深太小，光纤输入端就会偏离最小束腰位置，致使激光不能完全耦合进入光纤而降低耦合效率，甚至烧坏边缘部件，污染光纤表面。

激光经光纤传输，采用两个焦距不同的平凸透镜组成输出透镜系统可以达到理想的效果。激光雕刻一般需要较高的激光能量，并且需要较小的光斑，所以激光束的聚焦性能是影响整个激光雕刻机性能的重要因素。在普通情况下，当激光功率密度为 $10^5 \sim 10^6$ W/cm^2

时，大部分材料(包括陶瓷)就要被熔化或者气化，而中等强度的激光束经过透镜聚焦后，在聚焦面处得到的激光功率密度值，会远远大于雕刻所需要的激光能量密度。

3) 控制系统

激光雕刻机的图像处理和控制系统工作是由计算机来协调控制的。计算机控制图像的摄入，并对图像进行必要的处理，向激光器的光闸、调 Q 开关发出信号，向振镜及步进电机发出控制信号，产生相应的动作。计算机在控制激光雕刻的过程中，要考虑图像的点数和灰度级、工作面的大小和形状、调 Q 开关的工作频率、振镜的扫描响应时间与频率、步进电机的步距等因素，从而给出最佳的控制方案。要求软件和硬件设计上有一定的抗干扰性和容错性，软件应该在硬件允许的范围内具有设置各种工作参数的能力，以满足不同的雕刻要求，并且软件应该便于使用和操作。

4) 机械系统

机械系统由主轴、导轨、传动、丝杠等部件组成。机械系统采用电机经传动带带动主轴，这类机械系统的精度一般不是很高，主要用于粗雕。机械系统使用变频无刷电机，转速很高且无须更换电刷，但是造价较高。

机械系统采用丝杠驱动，丝杠分为普通螺纹丝杠和精密滚珠丝杠。普通螺纹丝杠就是一般机床上常用的丝杠。普通螺纹丝杠摩擦力大、易损坏、易磨损，在高速运动时容易发生卡死现象。精密滚珠丝杠是激光雕刻机中最贵的机械零件，雕刻的精度很大程度上都取决于它。由于激光雕刻机一般都是双向驱动的，所以精密滚珠丝杠需要预紧，正反转进给才不会有间隙产生。精密滚珠丝杠的优点是精度好、阻力小、寿命长。CO_2 激光雕刻机如图 7-16 所示。

图 7-16　CO_2 激光雕刻机

4. 激光雕刻机的应用范围

随着光电子技术的飞速发展，激光雕刻技术的应用范围越来越广泛，雕刻精度要求越来越高。体现激光雕刻加工发展水平的因素有三个：① 激光器技术，即应用于激光雕刻加工的激光器件技术；② 激光加工设备的机械、控制系统等，即激光加工设备；③ 激光加工工艺水平。激光雕刻样品如图 7-17、图 7-18 所示。

激光雕刻机的适用范围如下：

(1) 广告行业：有机玻璃切割、标牌雕刻、双色板雕刻、水晶奖杯雕刻等。

(2) 礼品行业：在木质、竹片、双色板、密度板、皮革等材料上雕刻文字及图案。

(3) 纸箱印刷业：雕刻制品，用于雕刻胶皮板、双层板、塑料板等。

(4) 皮革及服装加工业：可在真皮、合成革、布料上进行雕刻。

(5) 其他行业：模型制作、装饰装潢、产品包装等行中的雕刻等。

图 7-17   金属激光雕刻

图 7-18   木板激光雕刻

5. 激光雕刻工艺

1) 工艺参数(见表 7-4)

(1) 设备参数：加工幅面、功率、激光波长、激光模式。

(2) 工艺参数：功率、扫描速度、焦点位置、辅助气体。

表 7-4   激光雕刻工艺

雕刻工艺参数	说　明
激光波长	激光波长决定雕刻材料种类
激光功率	激光功率直接决定雕刻能力；材料吸收能量与激光功率相关，吸收能量看作是材料吸收的激光能量 = 激光功率 ÷ 雕刻速度
雕刻速度	雕刻速度指的是激光头移动的速度，速度也用于控制雕刻的深度，对于特定的激光强度，速度越慢，雕刻的深度就越大。利用雕刻机面板调节速度，也可利用计算机的打印驱动程序来调节
焦点位置	焦点位置是指激光束汇聚到最细的点，在此位置激光束的能量密度最高。通过调整焦点位置，可以改变激光束的聚焦程度，从而影响雕刻效果。位置的改变会直接影响激光束的能量密度，从而影响雕刻速度和质量。焦点位置不同，激光束聚焦的宽度也会有所不同，进而影响雕刻线条的宽度。焦点位置的改变会影响激光束在材料中的焦点深度以及材料的雕刻深度和雕刻边缘的质量

2) 材料种类

激光雕刻的材料如表 7-5 所示。通过对木板、竹板、石料、皮革、布、有机玻璃、亚克力等材料的雕刻实验，并对雕刻试样进行分析，发现：

(1) 在同样雕刻参数下，随着雕刻次数的增加，刻痕明显加深，但当雕刻次数达到一定次数时，刻痕周围有发黑的现象发生；

(2) 在同一激光功率、同样雕刻次数下，随着雕刻速度的减小，雕刻效果变好，当速度达到一定值后，刻痕清晰度提高，但刻痕周围有发黑现象；

(3) 在同样雕刻速度与雕刻次数下，雕刻效果与功率成正比，当功率达到一定值后，同样有发黑现象。

表 7-5　激光雕刻材料

材料种类	材料要求及雕刻效果
原木、胶合板	木材的深度一般不深，在 5 mm 以内，这是因为激光的功率较小，如果放慢速度雕刻则会造成木材的燃烧
亚克力(一种有机玻璃)	亚克力是仅次于木头的最常用雕刻材料，它很容易被切割和雕刻，有各种各样的形状和大小。激光雕刻主要用浇铸方式生产的有机玻璃，因为它在激光雕刻后产生的霜化效果非常白，与原来透明的质感产生鲜明对比
玻璃	雕刻深度不深且不能切割。一般情况下激光可以在玻璃表面形成霜化或破碎的效果
镀漆铜板	一种表面附着一层特殊的漆膜镀漆铜板，激光可以将表面的漆膜完全气化，而后露出底层铜板。通常制造商会在镀漆前将铜板抛光或做特殊处理，以使雕刻后显露出的区域有足够的光洁度，且能将其保存很长时间

3) 工艺与参数

在雕刻过程中，并不是雕刻功率越大、雕刻速度越低，雕刻效果越好、雕刻功率大、雕刻速度低，刻痕很清晰，但雕刻效率跟不上，刻痕有发黑现象。一般情况下，在保证雕刻效果的情况下，尽量提高雕刻速度、减小雕刻功率、采用一次雕刻成形。

对非金属材料，其导热性很小，在激光光波较长时，材料对激光的吸收率较大，光能可以直接被材料吸收而使热振荡加剧。所以采用 CO_2 激光器雕刻效果较好。

对于木材，激光雕刻有两种不同的过程：燃烧和瞬间气化。两种过程需要不同的功率密度。瞬间气化需要较高的功率密度去完成，木材在聚焦激光束的照射下，蒸发去除形成切缝的速度很快，切面无碳化，是一种比较理想的机制；但在具体的激光照射过程中，受输出功率或光束模式的影响，木材光照表面总有部分区域的光束功率密度低于气化所需的功率密度值，从而伴有局部燃烧过程发生，雕刻木材可能有发黑现象，要力争按气化机制进行雕刻。

7.2.4　激光切割技术及设备

1. 激光切割原理

激光切割(Laser Cutting)是利用高功率密度激光束照射被切割材料，使被照射的材料迅速熔化、气化、烧蚀或达到燃点，同时借助与光束同轴的高速气流吹除熔融物质，随着光束对材料的移动，孔洞连续形成宽度很窄的(如 0.1 mm 左右)切缝，完成对材料的切割。激光切割属于热切割方法之一。

激光切割设备是利用激光束的热能实现切割的设备。激光切割设备工作的过程为：在数控程序的激发和驱动下，激光发生器内产生出特定模式和类型的激光，经过光路系统传送到切割头，并聚焦于工件表面，将金属熔化；同时，喷嘴从与光束平行的方向喷出辅助气体将熔渣吹走；在程控的伺服电机驱动下，切割头按照预定路线运动，从而切割出各种形状的工件。图 7-19 所示为激光器切割钛合金示意图。

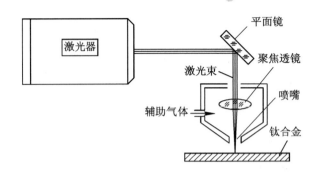

图 7-19   激光器切割钛合金示意图

2. 激光切割的特点

激光切割具有如下特点：

(1) 激光切割的切缝窄，工件变形小。

激光束聚焦成很小的光点，可使焦点处达到很高的功率密度。这时光束输入的热量远远超过被材料反射、传导或扩散的热量，材料很快被加热至气化程度，蒸发形成孔洞。随着光束与材料相对线性移动，使孔洞连续形成宽度很窄的切缝。切边受热影响很小，基本没有工件变形。激光切割过程中还添加与被切材料相适合的辅助气体。碳钢切割时利用氧作为辅助气体与熔融金属产生放热化学反应氧化材料，同时帮助吹走割缝内的熔渣。进入喷嘴的辅助气体还能冷却聚焦透镜，防止烟尘进入透镜座内污染镜片并导致镜片过热。激光切割质量好：切口细窄，表面光洁，热影响区小。

(2) 激光切割是一种高能量、密度可控性好的无接触加工，无刀具磨损。

激光束聚焦后形成具有极强能量的很小作用点，把它应用于切割有许多优点。激光能转换成热能并保持在极小的区域内；激光束对工件不施加任何力，它是无接触切割工具。

(3) 激光切割具有广泛的适应性和灵活性。

激光束可控性强，并有高的适应性和柔性。与其他常规加工方法相比，激光切割具有更大的适应性。

(4) 激光切割材料种类多。

激光能切割碳钢、不锈钢、合金钢等金属材料，也能切割复合材料、皮革、纤维、木材等非金属材料。

(5) 激光切割自动化程度高。

激光切割设备与自动化设备相结合很方便，容易实现切割过程自动化，如与计算机结合，可整张板排料，节省材料。

(6) 激光切割的效率高。

激光切割效率高，与数控搭载，可适用于不同形状的零件，切割速度快，如 1200 W 激光切割设备切割 2 mm 厚的低碳钢板，速度可达 600 cm/min。

激光切割样品如图 7-20 所示。

(a) 绒布紫外激光切割

(b) 碳钢激光切割

(c) 不锈钢激光切割

(d) 铝合金激光切割

图 7-20 激光切割样品

3. 激光切割的种类

按照激光切割过程的本质或机理来分，激光切割可分为激光熔化切割、激光氧化切割、激光气化切割和导向断裂切割；按照切割对象来分，激光切割可分为金属激光切割和非金属激光切割；按照激光器出光模式来分，激光切割可分为连续激光切割和脉冲激光切割。

下面着重介绍按激光切割过程机理来分类的激光熔化切割、激光氧化切割、激光气化切割和导向断裂切割这四种切割方式。

1) 激光熔化切割

激光熔化切割是指工件材料在激光束的照射下局部熔化，切割时与激光同轴的方向供给高纯度的不活泼辅助气体，辅助气体将熔化金属吹出切缝，熔化的液态材料被气体吹走，形成切缝，切割仅在液态下进行，故称为熔化切割。这种切割方法的激光功率密度在 10^7 W/cm^2 左右，不与金属反应。激光光束配上高纯度不活泼气体（惰性气体）促使熔化的材料离开割缝，而气体本身不参与激光切割。激光切割速度随着激光功率的增加而增加，随着板材厚度的增加和材料熔化温度的增加而几乎反比例地减小。在激光功率一定的情况下，限制因素就是割缝处的气压和材料的热传导率。

2) 激光氧化切割

激光氧化切割是指工件材料在激光束的照射下局部熔化，切割时与辅助气体（氧气）发生氧化反应，熔化的液态材料被气体吹走，形成切缝。与熔化切割不同，激光氧化切割使用活泼的氧气作为辅助气体。由于氧与已经炽热的金属材料发生化学反应,释放出大量的热量,切割材料进一步被加热。材料表面在激光束照射下很快被加热到一定温度,与氧气发生激烈的燃烧反应,放出大量热量。激光切割过程存在两个热源:激光束照射能和化学反应所产生的热能。根据相关资料,在激光氧化切割碳钢的过程中,氧化反应所产生的热能占切割所需能量的 40%~60%,熔化区被进入割缝的氧气流进一步加热,借助于辅助气体,液态熔化的材料从工件下部排出。

3) 激光气化切割

激光气化切割是指激光切割功率密度非常高,所需的激光功率密度在 10^8 W/cm^2 左右。切割材料很快被加热至气化温度,部分材料气化为蒸气逸去,部分材料被辅助气体吹走,随着激光束与材料之间的连续不断的相对运动,便形成宽度很窄的切割割缝。例如,木材、碳素材料和某些塑料即通过这种方法进行切割。由于气化相对熔化需要更多的热量,因此激光气化切割比激光熔化切割的速度要慢,气化切割因没有熔滴飞溅,切割质量较好。

4) 导向断裂切割

导向断裂切割是指对于容易受热破坏的脆性材料,通过激光束加热进行高速、可控的切断。这种切割过程是:激光束加热脆性材料小块区域,引起该区域大的热梯度和严重的机械变形,导致材料形成切割裂缝。只要保持均衡的加热梯度,激光束可引导裂缝在所需要的方向产生。选择导向断裂切割方法,需考虑它们的特点、板件的材料及激光切割的形状。

4. 激光切割的优点

激光切割具有如下优点:

(1) 切割质量好。激光切割的切口宽度窄(一般为 0.1~0.5 mm)、精度高(一般孔中心距误差为 0.1~0.4 mm,轮廓尺寸误差为 0.1~0.5 mm)、切口表面粗糙度好(一般 Ra 为 12.5~25 μm),切缝一般不需要再加工即可焊接。

(2) 切割速度快。例如,采用 2 kW 激光功率,8 mm 厚的碳钢切割速度为 1.6 m/min;2 mm 厚的不锈钢切割速度为 3.5 m/min,热影响区小,变形极小。

(3) 清洁、安全、无污染,大大改善了操作人员的工作环境。激光切割已经和正在取代一部分传统的切割工艺方法,特别是各种非金属材料的切割。它是发展迅速,应用日益广泛的一种先进加工方法。

(4) 非接触式切割。激光切割与工件无接触,不存在工具的磨损。激光切割加工不同形状的零件,不需要更换"刀具",只需改变激光器的输出参数。激光切割过程噪声低,振动小,无污染。

(5) 切割材料的种类多。激光切割材料的种类多,包括金属、有色金属和特种金属材料等金属材料,以及玻璃、陶瓷、石墨、岩石、木材、塑料、橡胶等大部分非金属材料。

5. 激光切割设备的种类

1) 按光路系统分类

按照光路系统,可将激光切割设备分为定光路激光切割设备、半飞行光路激光切割设备和全飞行光路激光切割设备。

(1) 定光路激光切割设备。

定光路激光切割设备中最常见的是十字滑台激光切割设备，它的光路固定不变，通过工作台的运动来实现二维激光切割。这种运动方式可以减少激光切割头和传输光路的振动，提高激光切割的质量。小型精密激光切割设备大多采用这种传动方式。定光路激光切割设备最大的缺点是很难解决落料问题，容易发生作业故障。

(2) 半飞行光路激光切割设备。

半飞行光路激光切割设备是指激光切割头在龙门臂上做一维方向的运动，装载有激光切割头的悬臂采用丝杆螺母或者齿条传动的方式做一维方向上的运动，也称龙门式激光切割机。光路只在龙门臂的切割范围的有限行程内变化，这样既能保证激光切割稳定输出，又能解决激光切割过程中的落料问题。较大幅面的薄板激光切割机常采用这种方式。

(3) 全飞行光路激光切割设备。

全飞行光路激光切割设备对激光的光束质量要求很高，光路可以在多个维度上移动，适用于三维板金属零件切割，如轿车车体模压件等的切割加工。图 7-21(a)、(b)、(c)所示为三种不同光路类型的激光切割设备。

(a) 半飞行光路(龙门式)

(b) 定光路系统

(c) 飞行光路系统

图 7-21　三种不同光路系统类型的激光切割设备

2) 按照激光器功率分类

按照激光器功率，可将激光切割设备分为高功率激光切割设备和中小功率激光切割设备。

3) 按照激光器类型分类

按照激光器类型，可将激光切割设备分为光纤激光切割设备、CO_2 激光切割设备、固体激光切割设备、半导体激光切割设备等。

4) 按照加工材料分类

按照加工材料，可将激光切割设备分为金属切割设备和非金属切割设备。

5) 按照切割材料形状分类

按照切割材料形状，可将激光切割设备分为二维激光切割设备和三维激光切割设备。三维激光切割设备是工业机械手与激光器的高效组合，搭配轻量化设计的三维专用切割头，能够实现对三维覆盖件或者是异型管件的空间曲线轨迹切割。三维激光切割设备示意图如图 7-22 所示。

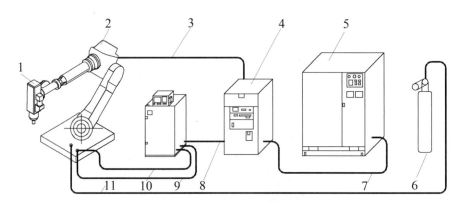

1—激光切割头；2—机械手；3—光缆；4—激光器；5—冷却装置；6—氧气瓶；7—冷却水循环管；8—电缆；9—高度轴控制电缆；10—接机械手电缆；11—辅助气体管。

图 7-22　三维激光切割设备示意图

6. 激光切割设备的基本结构

激光切割设备由床身、工作台、切割头、激光器、控制系统、冷却系统、除尘系统等组成。

1) 床身

激光切割设备的床身(如图 7-23 所示)上装有横梁、切割头支架和切割头工具，通过特殊的设计，消除在加工期间由于轴的加速带来的振动。机床底部分成几个排气腔室，当切割头位于某个排气室上部时，阀门打开，废气被排出。通过支架隔架，小工件和料渣落在废物箱内。

2) 工作台

移动式切割工作台(如图 7-24 所示)与主机分离，柔性大，可加装焊接、切管等功能。激光切割设备通常配有两张工作台供交换使用，在一张工作台进行切割加工的同时，另一张工作台可以同时进行上下料操作，有效提高工作效率。两张工作台可通过编程或按钮自动交换。工作台下方配有小车收集装置，切割的小料及金属粉末会集中收集在小车中。

图 7-23 激光切割设备床身

图 7-24 激光切割设备工作台

3) 切割头

激光切割头(如图 7-25 所示)是光路的末端器件，其内置的透镜将激光光束聚焦，标准切割头焦距有 5 英寸和 7.5 英寸(主要用于割厚板)两种。良好的切割质量与喷嘴和工件的间距有关，有的切割头(如使用德国 PRECITEC 公司生产的非接触式电容传感头)在切割过程中可实现自动跟踪与修正工件表面与喷嘴的间距，调整激光焦距与板材的相对位置，以消除因被切割板材的不平整对切割材料造成的影响，自动找准材料的摆放位置(红光指示器)。

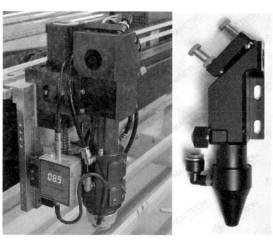

图 7-25 常用的激光切割头

激光切割设备的切割头由喷嘴、聚焦透镜和聚焦跟踪系统组成。喷嘴的形式和喷头尺寸的选取对切割质量的影响很大。喷嘴的形式主要有平行式、收敛式和锥形式三种,如图7-26所示。

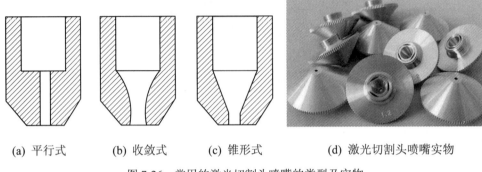

(a) 平行式　　　　(b) 收敛式　　　　(c) 锥形式　　　　(d) 激光切割头喷嘴实物

图 7-26　常用的激光切割头喷嘴的类型及实物

目前国外有些机构应用气体动力学的知识,研究收敛-扩张式喷嘴,此种类型的喷嘴应用于切割时,能有良好的切割特性。但是,由于该喷嘴的内腔比较复杂,加工的工艺性和精细性受到限制,使其无法投入产业化生产。

4) 控制系统

控制系统包括数控系统(集成可编程序控制器 PLC)、电控柜及操作台。PMC-1200 数控系统由 32 位 CPU 控制单元、数字伺服单元、数字伺服电机、电缆等组成,具有加速、突变限制及图形显示功能(可对激光器的各种状态进行在线和动态控制)。

5) 控制柜

激光控制柜具有控制和检查激光器的功能,并显示系统的压力、功率、放电电流和激光器的运行模式。

6) 激光器

激光器的心脏是谐振腔,激光束就是在这里产生的。激光气体是二氧化碳、氮气、氦气的混合气体,通过涡轮机使气体沿谐振腔的轴向高速运动,气体在前后两个热交换器中冷却,以利于高压单元将能量传给气体。

7) 冷却设备

冷却设备是一种通过蒸汽压缩或吸收式循环达到制冷效果的机器,一般称为冷水机、制冷机等。这些机器可以采用不同的制冷剂。冷水机利用水作为制冷剂,并依靠水和溴化锂溶液来达到制冷效果。

8) 除尘系统(装置)

除尘系统内置管道及风机,可改善激光切割的工作环境。激光切割区域内装有大通径除尘管道及离心式除尘风机,加之具有全封闭的机床床身及分段除尘装置,因此具有较好的除尘效果。

9) 供气系统

供气系统包括气源、过滤装置和管路。气源含瓶装气和压缩空气(空气压缩机、冷干机)。

7. 中小功率激光切割设备

1) 激光器

按工作物质的种类激光器可分为固体激光器、气体激光器、液体激光器和半导体激光器四大类。由于 He-Ne(氦-氖)气体激光器所产生的激光不仅容易控制，而且方向性、单色性及相干性都比较好，因而在机械制造的精密测量中被广泛采用。而在激光加工中则要求输出功率与能量大，目前多采用 CO_2 激光器及光纤激光器。

2) 主机

按切割柜与工作台相对移动的方式，主机可分为以下三种类型：

(1) 在切割过程中，光束(由割炬射出)与工作台都移动，一般光束沿 Y 轴向移动，工作台沿 X 轴向移动。

(2) 在切割过程中，只有光束(割炬)移动，工作台不移动。

(3) 在切割过程中，只有工作台移动，而光束(割炬)则固定不动。

3) 供气系统

供气系统主要包含气源[瓶装气、压缩空气(空气压缩机、冷干机)]、过滤装置和管路。

4) 电源

高功率激光切割设备往往需要电源稳定，一般要求三相电压稳定度为±5%，电源不平衡度为 2.5%。

5) 控制系统

(1) 导光聚焦系统。

根据被加工工件的性能要求，光束经放大、整形、聚焦后作用于加工部位，这种从激光器输出窗口到被加工工件之间的装置称为导光聚焦系统。

(2) 激光加工系统。

激光加工系统主要包括床身、能够在三维坐标范围内移动的工作台及机电控制系统等。随着电子技术的发展，许多激光加工系统已采用计算机来控制工作台的移动，实现激光切割加工的连续工作。

Laser Cut 激光切割控制系统(钢板)支持 AI、DXF、PLT 等图形数据格式，接受 MasterCam、Type3、文泰等软件生成的国际标准 G 代码。导入 DXF 图形时，可直接提取 AutoCAD 文字轮廓。

系统支持输入 TrueType 字体等文字类型，能直接对输入文字进行切割加工；系统调入图形图像数据后，可进行排版编辑(如缩放、旋转、对齐、复制、组合、拆分、光滑、合并等操作)；支持对单个图形进行阵列复制；对导入的数据进行合法性检查，如封闭性、重叠、自相交、图形之间距离检测，确保加工中不过切、不费料；根据切割类型(阴切、阳切)、内外关系、干涉关系，自动计算切割图形的引入、引出线，保证断口光滑；自动计算切割割缝补偿，减少加工数据制作时间，确保加工图形尺寸准确；根据加工工艺需要，可任意修改图形切割开始位置和加工方向，同时系统动态调整引入、引出线位置，自动优化加工顺序，同时还可以手工调整，减少加工时间，提高加工效率；可以分层输出数据，对每层可以单独定义输出速度、拐弯加速度、延时等参数，并对每层的定义参数自动保存；可调整图层之间的输出顺序，设置图层输出次数和是否输出图层数据；选择图形输出，支持在任意位置加工局部数据，同时可以使用裁剪功能，对某个图形的局部进行加工；加工过程中可实时调整加工速度；可根据加工图形、原材料大小进行自动套料。

8. 激光切割工艺

激光切割影响因素有激光模式、激光功率、切割速度、焦点位置、喷嘴高度、喷嘴直径、辅助气体(辅助气体纯度、辅助气体流量、辅助气体压力)、板材表面质量(材料特性、材料的表面)等。表 7-6 为激光切割主要参数说明。

表 7-6　激光切割主要参数说明

参　数	说　　明
激光功率	激光功率决定切割能力的大小，会对切割产生重要的影响。实际操作时，常常设置最大功率以获得高的切割速度或用以切割较厚的材料
切割速度	给定激光功率密度和材料，增加功率密度，可提高切割速度，切割速度与被切割材料密度和厚度成反比。提高切割速度的因素如下： (1) 提高功率； (2) 改变光束模式； (3) 减小聚焦光斑大小(如采用短焦距透镜)。 对于金属材料，其他工艺变量保持不变，激光切割速度可以有一个相对调节范围而仍能保持较满意的切割质量，这种调节范围在切割薄金属时比较大
焦点位置	由于焦点处功率密度最高，在大多数情况下，切割时焦点位置刚处于工件表面或稍在工件表面之下，确保焦点与工件相对位置恒定是获得稳定的切割质量的重要条件，有时透镜工作中因冷却不善而受热从而引起焦长变化，这就需及时调整焦点位置
辅助气体	辅助气体与激光光束同轴，保护透镜免受污染并吹走切割区底部熔渣，对非金属和部分金属材料，使用压缩空气或惰性气体清除熔化和蒸发材料，同时抑制切割区过度燃烧
辅助气体压力	大多数金属激光切割使用活性气体(氧气)，与灼热金属发生氧化放热反应，这部分附加热量可提高切割速度 $1/3 \sim 1/2$； 当高速切割薄板材时，需要较高的气体压力防止切口背面沾渣，当高速切割厚板材或切割速度较慢时，气体压力可以适当降低

9. 激光切割缺陷评价与分析

激光切割所需要的激光功率主要取决于切割类型以及被切割材料的性质。激光切割的缺陷主要有：切不透、粘渣、切割面粗糙、切割面不规则、切割面有毛刺等。激光功率对切割厚度、切割速度和切口宽度等有很大影响。一般激光功率增大，所能切割材料的厚度也增加，切割速度加快，切口宽度也有所加大。

激光功率对切割过程和质量有决定性的影响：

(1) 若激光功率太小，则无法切割；

(2) 若激光功率过大，则整个切割面会熔化；

(3) 若激光功率不足，则切割后会产生熔渍；

(4) 若激光功率适当，则切割面良好，无熔渍。

气体有助于散热及助燃，吹掉熔渍，改善切割面品质。气体对切割的影响有：

(1) 气体压力不足时，切割面会产生熔渍，切割速度无法加快，影响效率。

(2) 气体压力过高时，会对切割质量产生影响。

(3) 气流过大时，切割面较粗，且切缝较宽，会造成切断部分熔化，无法形成良好的切割质量。

(4) 气体压力过低时，则不易穿透，时间会延长。

(5) 气体压力太高时，则会造成穿透点熔化，形成大的熔化点。

薄板穿孔的压力较高，厚板则较低。有机玻璃属于易燃物，为了得到透明光亮的切割面，常选用保护气体辅助切割。如果选用氧气，则切割质量不够好。激光切割不同材料时，要根据实际情况选择合适的压力。气体压力越小，切割光亮度越高，产生的毛断面越窄。但气体压力过低，会造成切割速度慢，板面下会出现火苗，影响下表面质量。

7.2.5　激光焊接技术及设备

1. 激光焊接技术

1) 基本概念

激光焊接(Laser Welding)的原理如图 7-27 所示，它是利用高能量密度的激光束作为热源的一种高效精密焊接技术。其工作原理为激光辐射加热待加工表面，表面热量通过热传导向内部扩散，通过控制激光脉冲的宽度、能量、峰值功率和重复频率等激光参数，使工件熔化，形成焊缝。

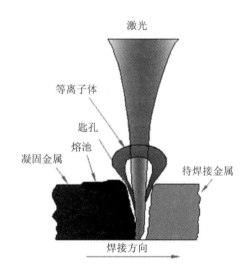

图 7-27　激光焊接的原理示意图

激光焊接是利用激光束优异的方向性和高功率密度等特性进行工作的，通过光学系统将激光束聚焦在很小的区域内，在极短的时间内使被焊处形成一个能量高度集中的热源区，从而使被焊物熔化并形成牢固的焊点和焊缝。激光焊接常用的激光光源是气体 CO_2 激光器、固体 YAG 激光器和光纤激光器；依激光器输出功率的大小和工作状态，激光器工作的方式有连续输出方式和脉冲输出方式。被聚焦的激光光束照射到焊件表面的功率密度一般为 $10^4 \sim 10^7$ W/cm^2。

2) 激光焊接的分类

激光焊接通常分为热传导型激光焊接和激光深熔焊接。

(1) 热传导型激光焊接。热传导型激光焊接需控制激光功率和功率密度,金属吸收光能后,不产生非线性效应和小孔效应。激光直接穿透深度只在微米量级,金属内部升温靠热传导方式进行。激光功率密度一般在 $10^4 \sim 10^5\ W/cm^2$ 量级,使被焊接金属表面既能熔化,又不会气化,从而使焊件熔接在一起。

(2) 激光深熔焊接。激光束作用于金属表面,当金属表面上的功率密度达到 $10^7\ W/cm^2$ 以上时,这个数量级的入射功率密度可以在极短的时间内使加热区的金属气化,从而在液态熔池中形成一个小孔,称之为匙孔。光束可以直接进入匙孔内部,通过匙孔的传热,获得较大的焊接熔深。匙孔现象发生在材料熔化和气化的临界点,气态金属产生的蒸气压力很高,足以克服液态金属的表面张力并把熔融的金属吹向四周,形成匙孔或孔穴。

由于激光在匙孔内的多重反射,匙孔几乎可以吸收全部的激光能量,再经内壁以热传导的方式通过熔融金属传到周围固态金属中。当工件相对于激光束移动时,液态金属在小孔后方流动并逐渐凝固,形成焊缝,这种焊接机制称为深熔焊,是激光焊接中最常用的焊接模式。与激光热传导焊接相比,激光深熔焊接需要更高的激光功率密度,一般需要连续输出的 CO_2 激光器,激光功率在 $2000 \sim 3000\ W$ 的范围。

2. 激光焊接的特点

激光焊接具有如下特点:

(1) 加热范围小,焊缝和热影响区窄,接头性能优良。

(2) 残余应力和焊接变形小,焊接热影响区小;可以实现高精度焊接。

(3) 可对高熔点、高热导率等材料进行焊接。

(4) 焊接速度快,生产率高;具有高度柔性,易于实现自动化。

(5) 不受磁场影响(电弧焊接及电子束焊接则易受影响),能精确地对准焊件。

(6) 可焊接不同物性(如不同电阻)的两种金属。

(7) 激光焊道深宽比可达 10∶1。

(8) 可以切换装置将激光束传送至多个工作站。

(9) 可焊材质种类范围大,甚至可以焊接很多异质材料。

3. 激光焊接的应用

激光焊接广泛应用于机械及模具制造行业、汽车制造行业、电子电器行业、新能源汽车动力电池制造、家具建材行业、珠宝行业等。

(1) 机械及模具制造行业。由于焊接精度高和非接触式加工,因此激光焊接适用于模具和高精度机械制造行业,如冲压模具、铸造模具、塑料模具、橡胶模具等。

(2) 汽车制造行业。由于汽车制造行业自动化程度高,激光焊接设备将向大功率、多通道方向发展。激光焊接机柔性化高,适合汽车高端消费产品的生产工艺需求。用激光焊接汽车的铝合金部件,不仅大大减轻了车身重量,而且减少了制造汽车的工序,提高了生产效率。中低功率脉冲激光焊接也广泛应用于汽车零部件,如汽缸盖垫片、油嘴、火花塞的焊接。

(3) 电子电器行业。由于激光加工是一种非接触式加工方式,激光焊接机不会产生机械挤压或机械应力，因此特别符合电子行业的加工要求，如变压器、电感器、连接器、端子、光纤连接器、传感器、变压器、开关、手机电池、微电子元件、集成电路引线等的焊接。由于激光焊接热影响区小、加热集中快、热应力低，在集成电路和半导体器件外壳的封装中显示出独特的优势。例如，传感器或温控器中弹性薄壁波纹板的厚度为 0.05～0.1 mm，该薄壁板用传统焊接方法难以焊接，采用激光焊接方法则容易焊接。

(4) 新能源汽车动力电池制造。动力电池占新能源汽车成本的30%～40%，是新能源汽车成本最大的部分。动力电池结构包含多种材料，如钢、铝、铜、镍等。这些金属可能被制成电极、导线或外壳。因此，无论是一种材料之间或是多种材料之间的焊接，都对焊接工艺提出了更高的要求。作为一种高精密的焊接方式，激光焊接能够满足动力电池生产过程中的性能要求，是目前动力电池生产线的标配设备。

(5) 家居建材行业。激光焊接精度高，具有良好的外观，广泛应用于厨具、照明等家具建材行业。例如，高档电热水壶等封口即采用激光焊接完成；在灯饰制造中，由于灯饰形状结构较复杂，手持式激光焊接机可随意移动焊接角度，打破了传统焊接的空间限制，达到了更好的焊接效果。

(6) 珠宝行业。由于激光加工精度高，非常适合珠宝行业中贵重小产品的焊接。激光聚焦光束极细，通过显微镜放大，将首饰的细小部分放大，可实现精密焊接。首饰链的连接和宝石的镶嵌需要用激光点焊机完成。

4. 激光焊接设备的基本结构

典型的激光焊接设备由激光器、激光焊接头、控制系统、升降机构、CCD 监视系统、聚焦系统、焊接夹具、工作台、冷却系统等组成。典型的激光焊接设备如图 7-28 所示。

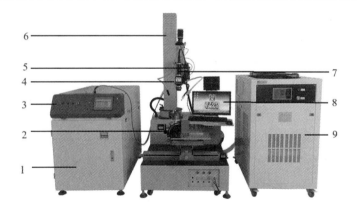

1—焊接主机(激光器)；2—焊接工作台及夹具；3—控制系统；4—激光焊接头；5—CCD 监视系统；

6—升降机构；7—聚焦系统；8—显示器；9—冷水机。

图 7-28 典型的激光焊接设备

1) 激光器

激光器是激光焊接设备的能量来源，激光焊接的本质是利用激光束能量直接或间接作用于母材，因而激光发生器的设备指标如激光功率、光束质量、波长等将直接影响激光焊接质量。激光焊接常用的激光器有 CO_2 激光器、YAG 激光器、半导体激光器、光纤激光器等。常用焊接激光器及应用如表 7-7 所示。

表 7-7　常用焊接激光器及应用

激光器	波长/μm	光束模式	输出功率/kW	主　要　应　用
CO_2 激光器	10.6	多模	0~10	金刚石锯片、双金属带锯条、水泵叶片、齿轮、钢板、暖气片焊接的焊接
YAG 激光器	1.06	多模	0~4	航空、机械、电子、通信、动力、化工、汽车制造等行业的零部件和电池、继电器、传感器、精密元器件等工件的焊接
半导体激光器	0.8~0.9	多模	0~10	塑料焊接、PCB 板点焊、 锡焊
光纤激光器	1.06	TEM	0~20	机械制造、汽车车身焊接

2) 激光焊接头

激光焊接头是激光焊接设备的关键部件。激光焊接头通过耦合器连接激光器的输出端，并通过内置的光学器件实现偏转、聚焦、整形，同时通过运动执行机构建立与焊接工件坐标系的联系，保证激光焊接位置，从而可获得合适的光斑尺寸。在激光焊接头中，集成了不同功能的组成单元，它们包括激光聚焦和导入单元、保护气导入和分配单元、冷却系统、透镜防护系统等。在具有反馈控制的激光焊接过程中，还具有监测和反馈控制单元。

激光焊接头按照激光焊接工艺的不同，可分为不同的类型，图 7-29 为常见的三种激光焊接头，其中：图 7-29(a)为激光钎焊焊接头，配备钎料送丝机构；图 7-29(b)为激光熔焊焊接头，配备准直镜；图 7-29(c)为远程激光焊接头，配备振镜。

(a) 激光钎焊焊接头　　　　(b) 激光熔焊焊接头　　　　(c) 远程激光焊接头

图 7-29　常见激光焊接头

3) 控制系统

计算机控制系统是机械手、激光器的控制和指挥的中心，同时也是工作站运行的载体。通过对工位、机械手和激光器的协调控制完成对工件的焊接处理。激光焊接设备的计算机控制系统主要包括机箱、主板、CPU、硬盘、内存条、软驱等。

4) CCD 监视系统

CCD 监视系统安装于激光光路系统中，主要作用有两个：① 检测激光加工位置和激光焊接；② 为光路聚焦系统调整提供指示基准。

5) 聚焦系统

聚焦系统的作用是将平行的激光束聚焦于一点。聚焦系统主要由聚焦镜和 Z 轴聚焦装置组成。激光焊接通常需要一定的离焦量,因为激光焦点处光斑中心的功率密度过高,容易蒸发成孔。离焦方式有两种,即正离焦与负离焦。焦平面位于工件上方为正离焦,反之为负离焦。在实际运用中,当要求熔深较大时采用负离焦;焊接薄材料时,宜用正离焦。

6) 冷却系统

电能转换成激光,其光电转换效率只有 3% 左右,大量的电能都转换成热能。这部分热能对激光器件有巨大的破坏力,使 YAG 激光晶体及氪灯破裂,聚光腔变形失效等,所以需要冷却系统提供冷却保障。考虑到系统的光学效率,冷却介质一般为去离子水或蒸馏水,以保证内循环系统不受污染。水冷系统中安装有靶式流量计,以保证当流量达到设计值时,主电路方可动作,确保氪灯发光时处于冷却状态,避免事故的发生。设备出厂时,靶式流量计已调整为合适值,以保证一定的流量,用户不宜再调。水冷系统安装好后,启动冷却系统,观察各水路无漏水现象,还需仔细检查各水路的水流情况,不能有任何一路不畅通,否则应仔细查找原因,及时排除。为保证安全,冷却系统不工作时,激光焊接机应立即停止运行。

5. 激光焊接设备

激光焊接设备常见的有灯泵浦激光焊接设备、CO_2 激光焊接设备、光纤焊接设备、机器人焊接设备等。

1) 灯泵浦激光焊接设备

灯泵浦激光焊接设备是一种高性能的固体脉冲激光加工设备,由 Nd:YAG 激光器、脉冲激光电源、焊接头、控制系统、工作台等组成,适用于碳钢、不锈钢、铝、铜、镍、钛、银、金等金属及合金材料的焊接。Nd:YAG 固体激光焊接设备具有稳定性好、光电转换效率高、体积小、结构紧凑、易维护等特点。图 7-30 为灯泵浦激光焊接设备图。

1—焊接工作台;

2—焊接头;

3—Nd:YAG 激光器;

4—显示器;

5—电源及开关;

6—控制系统。

图 7-30　灯泵浦激光焊接设备

2) CO_2 激光焊接设备

CO_2 激光焊接设备是一种利用二氧化碳(CO_2)气体作为激活介质的激光焊接设备。它的原理是利用激光束的光能,在焊接区域内引起物质的熔化和融合,实现高质量的焊接。CO_2 激光器功率大、效率高、焊接速度快,适合大面积金属材料的焊接。相较于传统的氩弧焊接和电弧焊接技术,CO_2 激光焊机具有焊接速度快、焊接强度高、焊接精度高、焊缝外观美观等优点。CO_2 激光焊机被广泛应用于金属制造、电子制造、医疗设备制造、家电制造、管道制造等领域。图 7-31 为 CO_2 激光焊接设备图。

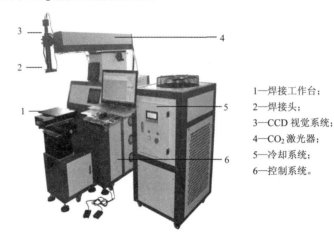

1—焊接工作台;
2—焊接头;
3—CCD 视觉系统;
4—CO_2 激光器;
5—冷却系统;
6—控制系统。

图 7-31　CO_2 激光焊接设备

3) 光纤激光焊接设备

光纤激光焊接设备是由光纤激光器作为激光光源,通过远距离传输后,经过准直镜准直为平行光,再聚焦于工件上实施焊接的一种激光焊接设备,用于金属材料的高速焊接,适合柔性传输,是非接触焊接,焊接具有很大的灵活性。光纤传输激光焊接机激光束可实现时间和能量上的分光,能进行多光束同时加工,为更精密的焊接提供了条件。光纤传输激光焊接机设备结构紧凑美观,具有光束模式好、能量稳定、性能稳定,使用可靠、焊接速度快、适焊范围广、消耗品和易耗件使用寿命长等特点。光纤激光焊接机不仅能焊接各种金属及其合金材料,而且可做到相同金属或者不同金属间的精密焊接,在轻量化要求较高的航空航天领域,光纤激光焊接轻质材料薄板也具有更大的优势。通过控制激光参数(功率、能量等)使工件熔化形成熔池,实现精密焊接。光纤激光焊接设备配备 CCD 可视系统,可随时监测焊接系统和监测焊接过程,可焊接平面、圆周、线类型产品以及对非标定制产线的精密焊接加工。光纤激光焊接设备如图 7-32 所示。

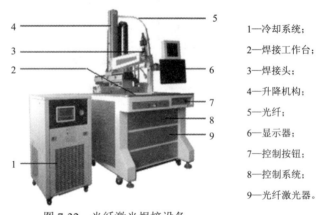

1—冷却系统;
2—焊接工作台;
3—焊接头;
4—升降机构;
5—光纤;
6—显示器;
7—控制按钮;
8—控制系统;
9—光纤激光器。

图 7-32　光纤激光焊接设备

4) 激光焊接机器人

激光焊接机器人在高质量、高效率的焊接生产中发挥了极其重要的作用,其具有如下优点：

(1) 稳定和提高了焊接质量；

(2) 提高了劳动生产率；

(3) 改善了工人的劳动强度，可在有害环境下工作；

(4) 降低了对工人操作技术的要求；

(5) 缩短了产品改型换代的准备周期，减少了相应的设备投资。

随着计算机技术、网络技术、智能控制技术、人工智能理论以及工业生产系统的不断发展，焊接机器人技术领域还有很多亟待研究的问题，特别是焊接机器人的视觉控制技术、模糊控制技术、智能化控制技术、嵌入式控制技术、虚拟现实技术、网络控制技术等是未来研究的主要方向。

6. 激光焊接工艺

1) 功率密度

功率密度是激光焊接中最重要的参数之一。功率密度过高会造成材料的气化，热传导激光焊接功率密度的范围为 $10^4 \sim 10^5$ W/cm^2。激光束照射到材料表面时，一部分从材料表面反射，一部分透入材料内被材料吸收，透入材料内部的光通量对材料起加热作用。不同材料对于不同波长光波的吸收与发射有着很大的差别。一般而言，导电率高的金属材料对光波的反射率高，表面光亮度高的材料其反射率也高。

2) 焦点位置(离焦量)

经过聚焦后，应使零件焊接面位于焦深范围内。此时激光功率密度最高，激光焊接效果最好，通常通过调节聚焦筒来观察激光与金属作用时产生的火花和声音来识别零件表面是否在焦深范围内。有时为了达到特殊焊接效果，可通过正离焦和负离焦来实现浅焊和深焊。

激光焊接通常需要一定的离焦量，因为激光焦点处光斑中心的功率密度过高，容易蒸发成孔。不同焦点所在的平面，功率密度分布不同。通过调整离焦量，可以选择光束的某一截面使其能量密度适合于焊接，所以调整离焦量是调整能量密度的方法之一。负离焦可以提高熔深，对熔深要求不高时最好用正离焦。当然，离焦量越大，焊缝也越宽。

3) 激光焊接速度

在其他参数都相同的条件下，增加激光功率可提高焊接速度、增大焊接熔深。

随焊接速度的增加，激光焊接熔池流动方式和尺寸将会改变。低速下激光焊接熔池大而宽，且易产生下塌。此时，熔化金属的量较大，金属熔池的重力太大，远超表面张力，从焊缝中间下沉，在表面形成凹坑。高速激光焊接时，匙孔尾部原来朝向焊缝中心强烈流动的液态金属由于来不及重新分布，便在焊缝两侧凝固，形成咬边缺陷。在大功率下形成较大熔池时，高速焊接同样容易在焊缝两侧留下轻微的咬边，但是在熔池波纹线的中心会产生一定压力。

4) 保护气体

激光焊接过程可以在空气环境中进行，不使用保护气体，不需要真空，很多情况下可以获得很好的焊接效果。但一些对焊接工艺要求严格的场合，如要求焊缝美观、密封、无氧化痕迹的产品或易于氧化难于焊接的铝合金材料，在焊接过程中就必须施加保护气体。

在焊接过程中施加保护气体有两种方法：一种方法是使用密闭的氮气室或真空箱，室内充满氮气，激光通过玻璃照射到工件上，这种方法较烦琐；另一种方法是利用喷嘴结构吹出一定压力、流量、流速的保护气体作用到焊缝区域，使熔化的金属不与空气中的氧气接触，保证得到高质量的焊缝。保护气体除防止氧化外，还有一个作用就是吹掉焊接过程中产生的等离子体火焰，离子体火焰对激光有吸收、散射作用，影响焊接效果。

在激光焊接时，金属材料表面瞬间达到融化温度，此时金属材料表面与空气中的氧发生剧烈反应而形成氧化层。为降低氧化作用，用适量的惰性气体吹拂焊接表面，使焊接表面瞬间与氧气隔离，达到提高质量的效果。

保护气体常用氮气、氩气、氦气。氦气成本最高，但其防氧化效果好，且电离度小，不易形成等离子体。氩气的防氧化效果也好，但是它易电离，一般如铝、钛等活泼性金属用氩气做保护气体，而将氩气和氦气按一定比例混合使用效果更好。氮气成本最低，一般用于不锈钢的焊接。在要求高度密封、漏气率很低的工件焊接时，最好使用氩气。

5) 电源参数

当激光脉冲频率较低而焊接速度较高时，形成点焊，即相邻焊接斑点间首尾不能相接。由于焊接斑点直径是一定的，所以只有当激光脉冲频率与焊接速度相匹配时，才能形成满焊。焊接速度与激光脉冲频率的关系如下：

$$焊接速度 = 激光脉冲频率 × 激光焊接光斑直径 × (1 - 光斑重叠率)$$

其中，光斑重叠率是相邻两光斑在直径方向的重叠率。电源参数如表 7-8 所示。

表 7-8 电源参数

电源参数	解释	案例
脉冲宽度	脉冲宽度也是激光焊接中重要的参数之一，它是区别于材料去除和材料熔化的重要参数，通常根据熔深和热影响区要求确定脉冲宽度	同一种金属焊接时，在其他条件相同时其穿入深度与脉宽有关，脉宽越大则穿入深度越深。脉宽越大，焊接的热影响区也越大
脉冲波形	对于波长 1.064 μm 的激光束，大多数材料初始反射率较高，能将激光束的大部分能量反射回去，因此常采用带有前置尖峰的激光输出波形，利用开始出现的尖峰迅速改变表面状态	在实际焊接中可针对不同焊接特性的材料灵活地调整脉冲波形。对于金、银、铜、铝等反射强、传热快的材料，宜采用带有前置尖峰的激光波形。对于钢及其类似金属，如铁、镍、钼、钛等黑色金属，其表面反射率较有色金属低，宜采用较为平坦的波形或平顶波，如对于易脆材料可以采用能量缓慢降低的脉冲波形，减慢冷淬速度
脉冲频率	热传导焊接中，激光器发出重复频率激光脉冲，每个激光脉冲形成一个熔斑，焊件与激光束相对移动速度决定了熔斑的重叠率，一系列熔斑形成鱼鳞纹似的漂亮焊缝	一般根据焊接速度的要求选择激光光斑重叠率。在激光密封焊接中，重叠率要求 70%以上
能量上升与下降方式	焊接过程中尤其是在焊接快结束的时候，调整能量下降时间和下降速度是一种非常好的控制方法，可以使匙孔坍塌引起的局部咬边降到最低程度	典型的能量上升可以在 0.2 s 内把激光功率从较低值升高到所需功率，在工件或光束移动过程中打开光闸可使能量上升在零过渡时间完成，输出的激光功率就是焊接功率

7.3　超声波加工技术

人耳能感受的声波频率为 16～16 000 Hz，声波频率超过 16 000 Hz 被称为超声波。超声波加工(Ultrasonic Machining)又称超声加工，是近几十年发展起来的一种加工方法。

1．超声波加工的原理与特点

1) 加工原理

超声波加工是利用振动频率超过 16 000 Hz 的工具头，通过悬浮液磨料对工件进行成型加工的一种方法，其加工原理如图 7-33 所示。

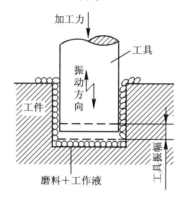

图 7-33　超声波加工原理图

当工具以 16 000 Hz 以上的振动频率作用于悬浮液磨料时，磨料便以极高的速度强力冲击加工表面；同时由于悬浮液磨料的搅动，使磨粒以高速度抛磨工件表面；此外，磨料液受工具端面的超声振动而产生交变的冲击波和"空化现象"。所谓"空化现象"，是指当工具端面以很大的加速度离开工件表面时，加工间隙内形成负压和局部真空，在磨料液内形成很多微空腔；当工具端面以很大的加速度接近工件表面时，空泡闭合，引起极强的液压冲击波，从而使脆性材料产生局部疲劳，引起显微裂纹。这些因素使工件的加工部位材料粉碎破坏，随着加工的不断进行，工具的形状就逐渐"复制"在工件上。由此可见，超声波加工是磨粒的机械撞击和抛磨作用以及超声波空化作用的综合结果，磨粒的撞击作用是主要的。因此，材料愈硬脆，愈易遭受撞击破坏，愈易进行超声波加工。

2) 特点

超声波加工的主要特点如下：

(1) 适合于加工各种硬脆材料，特别是某些不导电的非金属材料，如玻璃、陶瓷、石英、硅、玛瑙、宝石、金刚石等。也可以加工淬火钢和硬质合金等材料，但效率相对较低。

(2) 由于工具材料硬度很高，故易于制造形状复杂的型孔。

(3) 加工时宏观切削力很小，不会引起变形、烧伤。表面粗糙度 Ra 值很小，可达 0.2 μm，加工精度可达 0.05～0.02 mm，而且可以加工薄壁、窄缝、低刚度的零件。

(4) 加工机床结构和工具均较简单，操作维修方便。

(5) 生产率较低。这是超声波加工的一大缺点。

2. 超声波加工设备

超声波加工装置如图 7-34 所示。尽管不同功率大小、不同公司生产的超声波加工设备在结构形式上各不相同，但一般都由高频发生器、超声振动系统(声学部件)、机床本体和磨料工作液循环系统等部分组成。

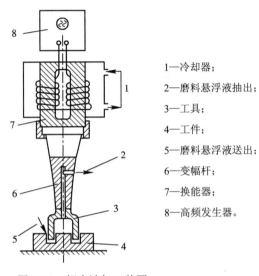

1—冷却器；

2—磨料悬浮液抽出；

3—工具；

4—工件；

5—磨料悬浮液送出；

6—变幅杆；

7—换能器；

8—高频发生器。

图 7-34　超声波加工装置

1) 高频发生器

高频发生器即超声波发生器，其作用是将低频交流电转变为具有一定功率输出的超声频电振荡，以供给工具往复运动和加工工件的能量。

2) 声学部件

声学部件的作用是将高频电能转换成机械振动，并以波的形式传递到工具端面。声学部件主要由换能器、振幅扩大棒及工具组成。换能器的作用是把超声频电振荡信号转换为机械振动；振幅扩大棒又称变幅杆，其作用是将振幅放大。由于换能器材料伸缩变形量很小，在共振情况下也超不过 0.005~0.01 mm，而超声波加工却需要 0.01~0.1 mm 的振幅，因此必须用上粗下细(按指数曲线设计)的变幅杆放大振幅。变幅杆应用的原理是：因为通过变幅杆的每一截面的振动能量是不变的，所以随着截面积的减小，振幅就会增大。变幅杆的常见形式如图 7-35 所示。加工中工具头与变幅杆相连，其作用是将放大后的机械振动作用于悬浮液磨料对工件进行冲击。工具材料应选用硬度和脆性不很大的韧性材料，如 45# 钢，这样可以减少工具的相对磨损。工具的尺寸和形状取决于被加工表面，它们相差一个加工间隙值(略大于磨料直径)。

3) 机床本体和磨料工作液循环系统

超声波加工机床的本体一般很简单，包括支撑声学部件的机架、工作台面以及使工具以一定压力作用在工件上的进给机构等。磨料工作液是磨料和工作液的混合物。常用的磨料有碳化硼、碳化硅、氧化硒或氧化铝等。常用的工作液是水，有时用煤油或机油。磨料的粒度大小取决于加工精度、表面粗糙度及生产率的要求。

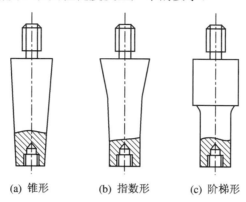

(a) 锥形　　　　　(b) 指数形　　　　　(c) 阶梯形

图 7-35　几种形式的变幅杆

3．超声波加工的应用

超声波加工的生产率虽然比电火花加工、电解加工等低，但其加工精度和表面粗糙度都比它们好，而且能加工半导体、非导体的脆硬材料，如玻璃、石英、宝石、锗、硅甚至金刚石等。在实际生产中，超声波广泛应用于型(腔)孔加工(如图 7-36 所示)、切割加工(如图 7-37 所示)、清洗(如图 7-38 所示)等方面。

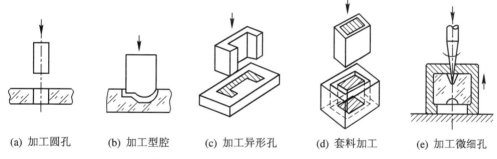

(a) 加工圆孔　　(b) 加工型腔　　(c) 加工异形孔　　(d) 套料加工　　(e) 加工微细孔

图 7-36　超声波加工的型孔、腔孔类型

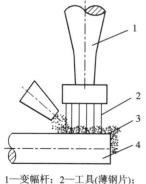

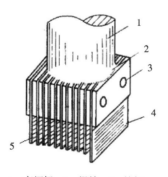

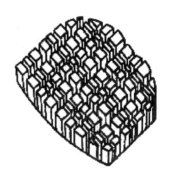

1—变幅杆；2—工具(薄钢片)；
3—磨料液；4—工件(单晶硅)。

1—变幅杆；2—焊缝；3—铆钉；
4—导向片；5—软钢刀片。

(a) 超声切割单晶硅片示意图　　　　(b) 刀具　　　　(c) 切割成的陶瓷模块

图 7-37　超声波切割加工

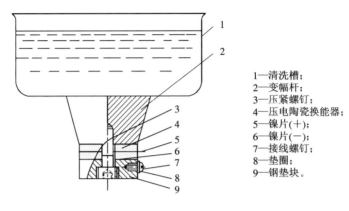

1—清洗槽；
2—变幅杆；
3—压紧螺钉；
4—压电陶瓷换能器；
5—镍片(＋)；
6—镍片(－)；
7—接线螺钉；
8—垫圈；
9—钢垫块。

图 7-38　超声波清洗装置

7.4　其他常用特种加工技术

7.4.1　电子束加工

1. 加工原理

电子束加工是利用高速电子的冲击动能来加工工件的，如图 7-39 所示。在真空条件下，将具有很高速度和能量的电子束聚焦到被加工材料上，电子的动能绝大部分转变为热能，使材料局部瞬时熔融、气化蒸发而去除。

控制电子束能量密度的大小和能量注入时间，就可以达到不同的加工目的。例如：只使材料局部加热就可进行电子束热处理；使材料局部熔化就可以进行电子束焊接；提高电子束能量密度，使材料熔化和气化，就可进行打孔、切割等加工；利用较低能量密度的电子束轰击高分子材料时产生化学变化的原理，即可进行电子束光刻加工。

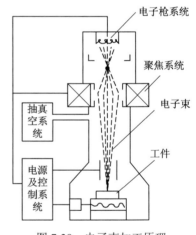

图 7-39　电子束加工原理

2. 特点与应用

电子束加工的特点如下：

(1) 电子束能够极其微细地聚焦(可达 1～0.1 μm)，故可进行微细加工。

(2) 加工材料的范围广。由于电子束能量密度高，可使任何材料瞬时熔化、气化且机械力的作用极小，不易产生变形和应力，故能加工各种力学性能的导体、半导体和非导体材料。

(3) 加工在真空中进行，污染小，加工表面不易被氧化。

(4) 电子束加工需要整套的专用设备和真空系统，价格较贵，故在生产中受到一定程度的限制。

由于上述特点，电子束加工常应用于加工微细小孔、异形孔(如图 7-40 所示)及特殊曲面。图 7-41 所示为电子束加工弯曲的型面。其原理为：电子束在磁场中受力，在工件内部弯曲，工件同时移动，即可加工图 7-41(a)所示的曲面；随后改变磁场极性，即可加工图 7-41(b)所示的曲面；在工件实体部位内加工，即可得到图 7-41(c)所示的弯槽；当工件固定不动时，先后改变磁场极性，二次加工，即可得到一个入口、两个出口的弯孔，见图 7-41(d)。控制电子束速度和磁场强度，即可控制曲率半径。

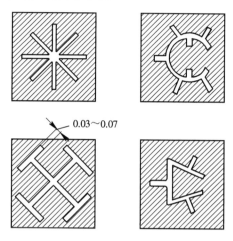

图 7-40　电子束加工的喷丝头异形孔

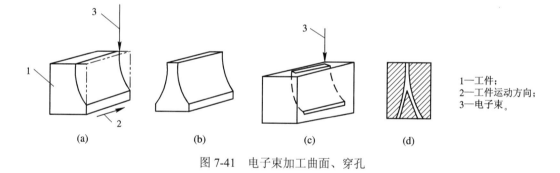

1—工件；
2—工件运动方向；
3—电子束。

图 7-41　电子束加工曲面、穿孔

7.4.2　离子束加工

1. 加工原理

离子束加工也是一种新兴的特种加工，它的加工原理与电子束加工原理基本类似，也是在真空条件下，将离子源产生的离子束经过加速、聚焦后投射到工件表面的加工部位以实现加工的。所不同的是离子带正电荷，其质量比电子大数千倍乃至数万倍，故在电场中加速较慢，但一旦加至较高速度，就比电子束具有更大的撞击动能。离子束加工是靠微观机械撞击能量转化为热能进行的。

离子束加工的物理基础是离子束射到材料表面时所发生的撞击效应、溅射效应和注入效应。离子束加工可分为以下四类：

(1) 离子刻蚀：离子轰击工件，将工件表面的原子逐个剥离，又称离子铣削，其实质是一种原子尺度的切削加工。

(2) 离子溅射沉积：离子轰击靶材，将靶材原子击出，沉积在靶材附近的工件上，使工件表面镀上一层薄膜。

(3) 离子镀(又称离子溅射辅助沉积)：离子同时轰击靶材和工件表面，目的是增强膜材与工件基材之间的结合力。

(4) 离子注入：离子束直接轰击被加工材料，由于离子能量相当大，离子就钻入被加工材料的表层。工件表面层含有注入离子后，就改变了化学成分，从而改变了工件表面层的机械物理性能。

2. 特点及应用

离子束加工有如下特点：

(1) 离子束加工是目前特种加工中最精密、最微细的加工。离子刻蚀可达纳米级精度，离子镀膜可控制在亚微米级精度，离子注入的深度和浓度亦可精确地控制。

(2) 离子束加工在高真空中进行，污染小，特别适宜于对易氧化的金属、合金和半导体材料进行加工。

(3) 离子束加工是靠离子轰击材料表面的原子来实现的，是一种微观作用，所以加工应力和变形极小，适宜于对各种材料和低刚件零件进行加工。

在目前的工业生产中，离子束加工主要应用于刻蚀加工(如加工空气轴承的沟槽，加工极薄材料等)、镀膜加工(如在金属或非金属材料上镀制金属或非金属材料)、注入加工(如某些特殊的半导体器件)等。

习 题

1. 比较说明各种特种加工方法的加工原理。
2. 分析比较各种特种加工方法的应用范围。
3. 比较说明各种激光加工方法的加工原理。
4. 分析比较各种激光加工方法的应用范围。
5. 简述激光打标、激光切割、激光雕刻、激光焊接及工艺参数。

附录 "特种加工技术"课程模拟试题

一、判断题。(正确打"√"、错误打"×",每题 1 分,共 15 分)

(   ) 1. 特种加工又称非传统加工,可以用低于工件硬度的刀具去除工件多余材料。

(   ) 2. 电火花加工主要通过放电产生的热来熔化或气化去除金属。

(   ) 3. 电火花加工难易程度与加工工件的硬度无关。

(   ) 4. 在电火花加工中,工具电极接脉冲电源正极的加工称为正极性加工。

(   ) 5. 紫铜由于密度小、加工性能好通常用作精加工电极。

(   ) 6. 峰值电流是影响电火花加工速度的一个重要参数。

(   ) 7. 电火花加工中可以使用自来水作为工作液。

(   ) 8. 电火花成形加工的速度单位为 mm^2/min。

(   ) 9. 镀锌丝可以作为慢走丝线切割加工的电极丝。

(   ) 10. 快走丝线切割加工中若电极丝的运丝速度快,则加工精度高。

(   ) 11. 在线切割加工中,穿丝孔应始终位于工件的中心。

(   ) 12. 在正常情况下,若电极丝的半径为 0.09 mm,则加工中刀补值也为 0.09 mm。

(   ) 13. 快走丝线切割加工过程中电极丝是一次性使用的。

(   ) 14. 为了保证正常加工,线切割加工前工件应去磁除锈。

(   ) 15. 激光加工可以用来切割金属材料。

二、单项选择题。(每题 2 分,共 20 分)

1. 下列加工中,不属于电火花加工特点的是(   )。

A. 以柔克刚   B. 精度高   C. 效率高   D. 可以加工盲孔

2. 电火花加工中,通常根据(   )选择粗加工条件。

A. 放电面积   B. 加工精度   C. 表面粗糙度   D. 加工深度

3. 在电火花成形机床程序中 M00 表示(   )。

A. 暂停   B. 主轴旋转   C. 程序结束   D. 忽略接触感知

4. 电极感知完成后停留在距工件表面垂直上方 1 mm 处,若执行指令 G92 Z0.99,则加工完成后工件型腔可能(   )。

A. 多加工 0.01 mm   B. 多加工 1.01 mm

C. 少加工 0.01 mm   D. 少加工 1.01 mm

5. 下列说法错误的是(   )。

A. 电火花精加工中电极的绝对损耗小

B. 电火花精加工中电极的相对损耗小

C. 电火花粗加工中电极的绝对损耗大

D. 电火花粗加工中电极的相对损耗小

6. 下列加工指令中，表示快速移动的指令是(　　)。

A. G00　　　　　　　B. G01　　　　　　C. G02　　　　　　D. G03

7. 下列加工指令中，表示工具电极左补偿的是(　　)。

A. G40　　　　　　　B. G41　　　　　　C. G42　　　　　　D. G43

8. 线切割加工中，单边放电间隙为 0.01 mm，电极丝的直径为 0.18 mm，则电极丝的补偿量为(　　)。

A. 0.10 mm　　　　　B. 0.11 mm　　　　C. 0.19 mm　　　　D. 0.20 mm

9. 在快走丝线切割加工中，电极丝的运丝速度通常为(　　)左右。

A. 1 m/s　　　　　　B. 3 m/s　　　　　C. 8 m/s　　　　　D. 12 m/s

10. 线切割机加工一直径为 10 mm 的凸台，当电极丝的补偿量为 0.10 mm 时，实际测量凸台的直径为 9.98 mm。若要凸台的尺寸达到 10 mm，则电极丝的补偿量为(　　)。

A. 0.08 mm　　　　　B. 0.09 mm　　　　C. 0.11 mm　　　　D. 0.12 mm

三、如附图 1 所示钢板，现通过线切割加工成附图 2 所示形状，附图 3 为切割加工过程中的轨迹路线图，其中 O 点为穿丝孔，E 点为起割点，OE 与 MN 边的距离为 2 mm，线段 EO 长 2 mm。设电极丝半径为 0.09 mm。(共 20 分)

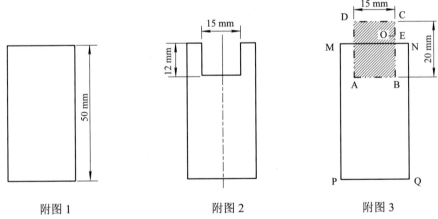

附图 1　　　　　　　　　　附图 2　　　　　　　　　　附图 3

1. 详细说明电极丝定位于 O 点的具体过程。(10 分)

2. 如果画图时切割轨迹中的 A 点的坐标为(0,0)，则穿丝孔 O 点坐标为多少？(4 分)

3. 如果画图时切割轨迹中的 C 点的坐标为(0,0)，则穿丝孔 O 点坐标为多少？(4 分)

4. 附图 3 的加工路线是顺时针加工还是逆时针加工，为什么？(2 分)

四、下面为一线切割加工程序(材料为 10 mm 厚的钢材)，认真理解后回答问题。

H000=+00000000　　　　　　H001=+00000110;

H005=+00000000;T84 T86 G54 G90 G92X+20000Y+3000;

C007;

G01X+20000Y+1000;G04X0.0+H005;

G41H000;

C001;

G41H000;

G01X+20000Y+0;G04X0.0+H005;

G41H001;

X+40000Y+0;G04X0.0+H005;

X+40000Y+3000;G04X0.0+H005;

G03X+40000Y+13000I+0J+5000;G04X0.0+H005;

G01X+40000Y+16000;G04X0.0+H005;

X+6Y+16000;G04X0.0+H005;

G03X+0Y+10000I+0J-6000;G04X0.0+H005;

G01X+0Y+0 ; G04X0.0+H005;

X+20000Y+0;G04X0.0+H005;

G40H000G01X+20000Y+1000;

M00;

C007;

G01X+20000Y+3000;G04X0.0+H005;

T85 T87 M02;

1．画出加工出的零件图，并标明相应尺寸。(13 分)

(错一处扣 2 分，扣完为止)

2．在零件图上画出穿丝孔的位置，并注明加工中的补偿量。(3 分)

3．程序中 M02 的含义是什么？(3 分)

五、有一孔形状及尺寸如附图 4 所示，根据附表 1 选择加工该孔形零件的电火花加工条件及设计电火花加工此孔的电极的横截面尺寸。(8 分)

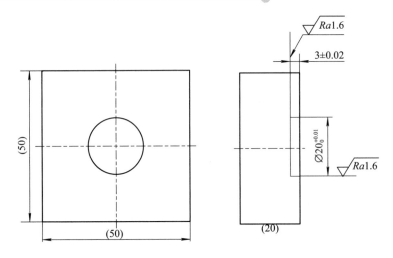

附图 4

电火花加工条件：

电极横截面尺寸：

六、现欲加工一深 5 mm 的方形孔，表面粗糙度要求 Ra=2.0 μm，要求损耗、效率兼顾，为铜打钢。设工件表面 Z=0，根据下面铜打钢标准参数表附表 1、附表 2 回答问题。(18 分)

附表 1　铜-钢标准型参数表

条件号	面积/cm²	安全间隙/mm	放电间隙/mm	加工速度/(mm³/min)	损耗/%	侧面 Ra/μm	底面 Ra/μm	极性	电容	高压管数	管数	脉冲间隙	脉冲宽度	模式	损耗类型	伺服基准	伺服速度	极限值 脉冲间隙	极限值 伺服基准
100		0.009	0.009			0.86	0.86	+	0	0	3	2	2	8	0	85	8	2	85
101		0.035	0.025			0.90	1.0	+	0	0	2	6	9	8	0	80	8	2	65
103		0.050	0.040			1.0	1.2	+	0	0	3	7	11	8	0	80	8	2	65
104		0.060	0.048			1.1	1.7	+	0	0	4	8	12	8	0	80	8	2	64
105		0.105				1.5	1.9	+	0	0	5	9	13	8	0	75	8	2	60
106						1.8	2.3	+	0	0	6	10	14	8	0	75	10	2	58
107		0.200	0.160	2.7		2.8	3.6	+	0	0	7	12	16	8	0	75	10	3	60
108	1	0.350	0.220	11.0	0.10	5.2	6.4	+	0	0	8	13	17	8	0	75	10	4	55
109	2			15.7	0.05	5.8	6.3	+	0	0	9	15	19	8	0	75	12	6	52
110	3	0.530	0.295	26.2	0.05	6.3	7.9	+	0	0	10	16	20	8	0	70	12	7	52
111	4	0.670	0.355	47.6	0.05	6.8	8.5	+	0	0	11	16	20	8	0	70	12	7	55
112	6	0.748	0.420	80.0	0.05	9.68	12.1	+	0	0	12	16	21	8	0	65	15	8	52
113	8	1.330	0.660	94.0	0.05	11.2	14.0	+	0	0	13	16	24	8	0	65	15	11	55

附表 2　加工条件与结果对应表　　　　　　　　　单位：mm

项 目	选用的加工条件					
	C110	C109	C108	C107	C106	C105
加工完该条件时电极的 Z 轴坐标	−4.735	−4.79	−4.825	−4.90	−4.935	−4.966
加工完该条件时孔的实际深度	−4.882	−4.91	−4.935	−4.98	−4.981	−5
备　注	设工件表面坐标 Z=0					

1. 该方形孔的面积最可能是(　　)cm²。(3 分)

A. 1　　　　　　　B. 2　　　　　　　C. 3　　　　　　　D. 4

2. 根据附表 2 回答问题。(15 分，每小题 3 分)

(1) 加工条件 C109 的安全间隙值为(　　)；(注意，安全间隙是双边值)

(2) 加工条件 C109 的放电间隙值为(　　)；(注意，放电间隙是双边值)

(3) 加工条件 C106 的安全间隙值为(　　)；

(4) 加工条件 C106 的放电间隙值为(　　)；

(5) 加工条件 C105 的放电间隙值为(　　)。

参 考 文 献

[1] 黄宏毅，李明辉. 模具制造工艺. 北京：机械工业出版社，2000.

[2] 北京市金属切削理论与实践编委会. 电火花加工. 北京：北京出版社，1980.

[3] 赵万生. 电火花加工技术. 哈尔滨：哈尔滨工业大学出版社，2000.

[4] 张学仁. 数控电火花线切割加工技术. 哈尔滨：哈尔滨工业大学出版社，2000.

[5] 罗学科，李跃中. 数控电加工机床. 哈尔滨：化学工业出版社，2003.

[6] 刘晋春，赵家齐，赵万生. 特种加工. 3 版. 北京：机械工业出版社，1999.

[7] 明兴祖. 数控加工技术. 北京：化学工业出版社，2003.

[8] 孙凤勤. 模具制造工艺与设备. 北京：机械工业出版社，1999.

[9] 刘雄伟. 数控机床操作与编程培训教程. 北京：机械工业出版社，2001.

[10] 《塑料模具技术手册》编委会. 塑料模具技术手册. 北京：机械工业出版社，1997.

[11] 卢存伟. 电火花加工工艺学. 北京：国防工业出版社，1988.

[12] 中国机械工程学会电加工学会. 电火花加工技术工人培训、自学教材. 修订版. 哈尔滨：哈尔滨工业大学出版社，2000.

[13] 模具实用技术丛书编委会. 模具制造工艺装备及应用. 北京：机械工业出版社，1999.

[14] 北京阿奇夏米尔工业电子有限公司. 线切割机、电火花机床说明书.

[15] 《电子工业生产技术手册》编委会. 电子工业生产技术手册(通用工艺卷). 北京：国防工业出版社，1989.

[16] 唐宗军. 机械制造基础. 北京：机械工业出版社，1999.

[17] 杨文峰. 低速走丝线切割加工的断丝分析与处理. 电加工与模具，2001(2)：46-47.

[18] 徐国友. 线切割加工塌角的原因及对策. 电加工与模具，2000(3)：47.

[19] 傅志泉. 线切割加工中防止电极丝断丝的方法. 工具技术，1998(3)：18.

[20] 赵万生. 特种加工技术. 北京：高等教育出版社，2001.

[21] 高秀兰. 浅析线切割加工中存在的问题及对策. 模具工业，2002(10)：56-59.

[22] 潘春荣，罗庆生. 精密线切割加工中工件余留部位切割的处理方法与技巧. 模具技术，2000(4)：89-91.

[23] 肖海兵，钟正根，宋长辉. 先进激光制造设备. 武汉：华中科技大学出版社，2019.

[24] 肖海兵. 先进激光加工技能实训. 武汉：华中科技大学出版社，2019.

[25] 王中林，王绍理. 激光加工设备与工艺. 武汉：华中科技大学出版社，2011.

[26] 肖海兵，刘明俊，董彪，等. 激光原理及应用项目式教程. 武汉：华中科技大学出版社，2018.

[27] 程亚. 超快激光微纳加工：原理、技术与应用. 北京：科学出版社，2016.

[28] 汤伟杰，李志军. 现代金属工艺实用实训丛书：现代激光加工实用实训. 西安：西安电子科技大学出版社，2015.

[29] 王秀军，徐永红. 激光加工实训技能指导理实一体化教程. 武汉：华中科技大学出版社，2014.